CorelDRAW

首饰设计绘制技法表现

CorelDRAW SHOUSHI SHEJI HUIZHI JIFA BIAOXIAN

◎郝琦　高震　编著

华南理工大学出版社
SOUTH CHINA UNIVERSITY OF TECHNOLOGY PRESS

·广州·

图书在版编目（CIP）数据

CorelDRAW 首饰设计绘制技法表现/郝琦，高震编著 . —广州：华南理工大学出版社，2019.3
ISBN 978 – 7 – 5623 – 5875 – 6

Ⅰ. ①C… Ⅱ. ①郝… ②高… Ⅲ. ①首饰 – 计算机辅助设计 – 图形软件 – 高等学校 – 教材 Ⅳ. ①TS934.3 – 39

中国版本图书馆 CIP 数据核字（2018）第 288879 号

CorelDRAW 首饰设计绘制技法表现

郝琦　高震　编著

出 版 人：卢家明
出版发行：华南理工大学出版社
　　　　　（广州五山华南理工大学 17 号楼，邮编 510640）
　　　　　http：//www. scutpress. com. cn　E-mail：scutc13@ scut. edu. cn
　　　　　营销部电话：020 – 87113487　87111048 （传真）
责任编辑：刘　锋　詹志青
印 刷 者：广州市新怡印务有限公司
开 　本：787mm×1092mm　1/16　印张：11.25　字数：254 千
版 　次：2019 年 3 月第 1 版　2019 年 3 月第 1 次印刷
定 　价：58.00 元

前　言

　　CorelDRAW 软件是一款"亲民"的设计软件，由于其运行速度快、操作简便、绘图功能强大，自问世以来就受到设计师们的青睐。在首饰设计行业中，这个软件的使用也较为广泛。本书针对当前首饰行业的发展，介绍如何应用 CorelDRAW 来绘制设计图纸中的首饰部件。在选择案例时，着重根据该软件在首饰绘制中的特点进行设计与编辑，增强整本书的专业专攻特性。

　　本书的主要内容包括弧面宝石和刻面宝石的画法、常用首饰部件的画法、首饰成品的画法等。本书以首饰设计与制图为主脉络，力求由浅入深，循序渐进；在讲授软件使用的同时，穿插一定的专业知识，可以为初学者提供行业认知。书中的案例有目前行业流行的商业款式，有笔者自己设计的款式，也有笔者在教学过程中遇到的优秀作品。整本书操作步骤翔实，图文对照性强，非常适合入门者自学，也可以作为高校首饰设计专业教学的参考书目。

　　在撰写本书的过程中，因种种原因耗时长达四年之久。非常感谢家人在此期间的大力支持，也感谢单位领导为了本书顺利出版多方联络，以及雪中送炭提供经费支持。

　　由于本人水平有限，书中不足之处，敬请广大读者批评指正。

郝　琦

2018 年 8 月 27 日于广州

目　录

1　CorelDRAW 绘图世界

1.1　CorelDRAW 软件发展介绍

CorelDRAW 是加拿大著名软件公司 Corel 研发的图形图像设计软件。它融合了绘画与插图、文本操作、绘图编辑、桌面出版及版面设计、追踪、文件转换等高品质的，集输出于一体的矢量图绘图软件，并且在工业设计、产品包装造型设计，网页制作、建筑施工与效果图绘制等设计领域中得到了广泛的应用。

CorelDRAW 1.0 是在 1989 年的春天问世的，一经发布就掀起了图形设计行业的革命浪潮，成为第一款适用于 Windows 的图形软件。

CorelDRAW 1.11 发布于 1990 年。历经一年，开发组就推出了内含滤镜、能兼容其他绘图软件的 CorelDRAW 1.11 版。CorelDRAW 新增了 AutoCAD DXF 导入/导出支持，使二维和三维设计图形的处理成为可能。

CorelDRAW 2 发布于 1991 年。这时的 CorelDRAW 已经具备了当时其他绘图软件都不具备的功能，如"封套""调和""立体化"和"透视"工具等，同时引入了合并打印功能，将文本文件与图形文件合并，并打印出来。

CorelDRAW 3 发布于 1992 年，它的推出才是真正意义上的图形图像设计第一个里程碑。当时的 CorelDRAW 3 就包括了 PHOTO – PAINT、CorelSHOW、CorelCHART、Mosaic 和 CorelTRACE 等应用程序。此外，新增了"可编辑预览模式"，从而提供彩色显示对象的完整细节并进行处理的功能。

CorelDRAW 4 发布于 1993 年，引入了多页面功能，允许创建多达 999 页的文档。此版本还引入了浮动式工具箱，不需要时可将该工具箱隐藏起来，腾出更多工作区。

CorelDRAW 5 发布于 1994 年，此版本兼容了以前版本中所有的应用程序，为程序增加了 Postscript 和 TrueType 字体支持功能，被公认为第一套功能齐全的绘图和排版软件包。

CorelDRAW 6 发布于 1995 年，与 Microsoft 的 Windows 95 在同一天发布。CorelDRAW 6 是首款全面支持 32 位操作系统的图形软件。此外，新增的图纸工具，将最大页面尺寸从 35 英寸[①]×35 英寸增加为 150 英尺[②]×150 英尺。

---

① 英寸：非法定计量单位，1 英寸 = 2.54cm。
② 英尺：非法定计量单位，1 英尺 = 12 英寸 ≈ 30.5cm。

CorelDRAW 7 发布于 1997 年，新增了交互式属性栏，将基本工具放在一个方便用户点击的工具栏中，从而简化了工作流程。此版本还添加了对用户编写脚本和自动执行功能的支持。新增的编写工具包括自动拼写检查器、辞典和语法检查器等。

CorelDRAW 8 发布于 1998 年，引入了多文件导入功能，用于操控阴影的交互式"阴影"工具和交互式"矢量"工具，以及用于对线条和节点进行变形的"拉链"和"扭曲"工具。该版本发布以后，CorelDRAW 成为绘图设计软件中的佼佼者，并具有出版、绘图、照片、企业标志、企业图片等图像创作能力。

CorelDRAW Graphics Suite 9 发布于 1999 年，新增了多个调色板，使用户能够自定义其工作区，同时显示多个调色板，从而提高速度和灵活性。新的"调色板编辑器"使创建自定义调色板和编辑现有自定义调色板成为可能。

CorelDRAW Graphics Suite 10 发布于 2000 年，引入了"发布至 PDF"功能。页面排序器视图使用户能够查看一个文档中所有页面的缩略图，并且拖放页面进行重新排序。"颜色管理"进行了全面的重新设计，将所有基本选项都合并到一个对话框中。

CorelDRAW Graphics Suite 11 发布于 2002 年，引入了符号概念，使用户能够创建对象，并将其存储在可重复使用的库中，以便在绘图时进行多次引用。

CorelDRAW Graphics Suite 12 发布于 2004 年，引入了【增强文本对齐】工具，以及帮助用户相对于其他对象准确地定位、对齐和绘制对象的动态辅助线。Unicode 文本支持使用户能够毫不费力地交换文件，而无需考虑文件是使用何种语言或操作系统创建的。

CorelDRAW Graphics Suite X3 发布于 2006 年，引入了一个新的描摹引擎 Corel PowerTRACE（可将位图转换为矢量图）、一个新的剪切实验室（在 Corel PHOTO – PAINT 中）和一个新的图像调整实验室（用于快速改善数码相片质量）。此外，该版本还新增了矢量对象裁剪功能，而此前只有裁剪位图的功能。

CorelDRAW Graphics Suite X4 发布于 2008 年，引入了活动文本格式功能，使用户能够先预览文本格式属性，然后再将其应用于文档。其他新功能和增强型功能包括交互式表格、更多文件格式支持（包括 PDF 1.7 和 Microsoft Publisher 2007）、针对 300 多种相机的原始格式支持，以及独立页面图层功能等。此外，该版本中还引入了联机协作服务（CorelDRAW ConceptShare）和字体识别功能。为适应市场需求，此版本通过了 Windows Vista 测试。

CorelDRAW Graphics Suite X5 发布于 2010 年，该版本可通过其重要的工作流程增强功能加快整个设计过程。它引入了 Corel CONNECT（一个内置的内容组织器）、可实现更准确的颜色控制的新颜色管理引擎、新的多核处理功能、扩展的文件兼容性、新的绘图功能（如锁定工具栏选项）以及包括 Web 动画在内的新增 Web 功能。此版本针对 Windows 7 进行了优化，并提供新触摸屏支持。

CorelDRAW Graphics Suite X6 发布于 2012 年，该强大的新版本提供了强大的新版式引擎、多功能颜色和谐和样式工具、通过 64 位和多核支持改进的性能、完整的自助设计网站工具、可自动调整的页面布局工具、复杂脚本支持，以及可以展现设计人员设计风格的众多其他途径。

CorelDRAW Graphics Suite X7 发布于 2014 年。借助重新设计的界面、新增的必备工具和增强的主要功能，CorelDRAW Graphics Suite X7 打开了通往新创意的大门。通过完全可自定义的新工作区，可以按用户的方式进行设计。此版本还引入了高级填充和透明度控件、新的字体预览和特殊字符选项、桌面与移动设备的无缝集成，以及在云中更加轻松地共享和访问内容的方法。

CorelDRAW Graphics Suite X8 发布于 2016 年，该版本将允许用户将其创意融入其中，以跟踪、设计图形和版面、编辑照片及创建网站。凭借对 Windows 10/8.1/7 的高级支持、多监视器查看和 4K 显示屏，该套件可让初始用户、图形专家、小型企业主和设计爱好者自信快速地交付专业级设计成果。了解高水准的直观工具，以创作徽标、手册、Web 图形、社交媒体广告或任何原创项目。CorelDRAW 帮助设计人员按照自己的风格设计。

CorelDRAW Graphics Suite X9 发布于 2017 年，此版本可以让用户使用当今最新的一些技术进行创作，包括手写笔或具有触控功能的设备、Microsoft Surface Dial 和超高清 5K 显示器。

2018 年 4 月 11 日，CorelDRAW 2018 正式对外发布，该版设计软件包已经过全面更新，是近几年来发行的最强大版本，可协助绘图专业人士将创意转换为令人惊艳的专业视觉设计。CorelDRAW 2018 包含最先进的全新对称模式，带有图块阴影工具的全新创意特效等全新功能。

1.2　CorelDRAW 软件在首饰行业中的应用

在首饰设计的过程中，我们需要将头脑中的观念呈现在纸面上，后续的生产和加工才"有图可依，有案可考"。传统的首饰设计，通常需要通过人手绘制来完成。经过几十年的发展，以及电脑计算机的普遍应用，越来越多的设计软件出现在相应的设计行业，成为设计人员绘制图纸的有效辅助。

CorelDRAW 在绘制首饰图稿时，因其强大的矢量绘图功能、便捷的线条调整以及清晰的尺寸标注，受到首饰行业设计人员的青睐。相对人手绘制首饰图纸，该软件在绘制如下几种结构时，具有非常明显的优势：

①绘制结构复杂的对称造型的首饰时；

②绘制规则几何造型时，如绘制大量由几何造型拼接组合的耳环、项链；

③绘制带有尺寸标注的首饰时，如给首饰标注尺寸；

④绘制结构一致且不断重复排列的造型时，如项链的链环；

⑤绘制相似度较高的系列首饰作品。

相对计算机辅助绘图，人手绘图在绘制结构特别复杂的首饰以及有机形态的首饰作品时具有比较突出的优势。

1.3　CorelDRAW 界面介绍

打开 CorelDRAW 软件的界面，功能介绍如图 1 - 3 - 1 所示。

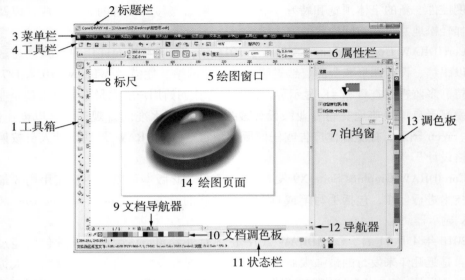

图 1 - 3 - 1　CorelDRAW X6 工作界面

1.3.1　工具箱

默认情况下，工具箱位于操作界面的最左边，见图 1 - 3 - 2。用户可以在绘图页面以外的操作界面上右键单击调出菜单，在菜单的最下方取消"锁定工具栏"，然后拖动工具箱，使其浮动在操作界面的其他位置，见图 1 - 3 - 3。工具箱中放置了经常使用的绘图及编辑工具，并将功能近似的工具归类组合在一起，如果要选择某个工具，用鼠标直接点击，图标显示为亮显状态即表示选中了此工具；如果要选择工具组中的工具，用鼠标点击工具图标右下角的黑色三角，从弹出的工具组中点选某个工具即可。

1. 选择工具

【选择工具】是最常用的工具之一，使用它可以选择对象、元素等。使用它在目标对象上单击即可选择单个对象或单个群组对象，图形对象处于选择状态时，其中心便会显示一个 × 标记，并且其周围

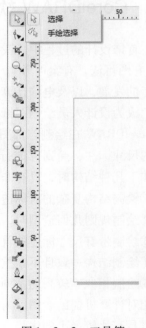

图 1 - 3 - 2　工具箱

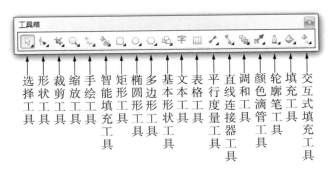

图1-3-3　解锁后的工具箱栏

图1-3-4　选择对象

出现8个小黑方块，称之为"选定手柄"，见图1-3-4。利用空格键可以实现最近一次使用的工具和【选择工具】之间的切换。

（1）选择的方式有：

①选择一个对象：点击【选择工具】，单击一个对象。如果按住 Ctrl 键可以选择群组或群组中的一个对象。

②选择多个对象：按住 Shift 键，一次单击需要选择的对象，或者在目标对象周围拖动一个选取框进行选择。

③选择所有对象：双击【选择工具】或按"Ctrl + A"键，本操作对已锁定的对象无效。

④接触式选择对象：按下 Alt 键不放，按下鼠标左键并拖动，只要蓝色选框接触到的对象，都会被选中。

⑤选取重叠对象：如果要选择重叠对象后面的图形，只要按下 Alt 键在重叠处单击鼠标左键，则可以选择被覆盖的图形，再次单击，则可以选择更下面的图形。同时按住 Shift 和 Alt 键可以选择多个被遮住的对象。

⑥使用子菜单命令选择其他对象：执行菜单"编辑"—"全选"命令下的各子菜单命令，可以全选该类型所有的对象。

⑦在工具箱中选中【选择工具】，按下键盘上的 Tab 键，就会选中在 CorelDRAW 中最近一次绘制的图形，如果不停地按 Tab 键，则 CorelDRAW 会按绘制顺序从后往前开始选取对象。

（2）执行撤销选择的操作有：

①撤销选择多个对象：单击【选择工具】，然后单击绘图窗口的任意空白区域。

②撤销选择已经选定的多个对象中的单个对象：按住 Shift 键，同时用选择工具单击对象。

2. 形状工具组

形状工具组中包含八种工具，分别是【形状工具】、【涂抹笔刷工具】、【粗糙笔刷工具】、【自由变换工具】、【涂抹工具】、【转动工具】、【吸引工具】、【排斥工具】。

5

（1）【形状工具】：可直接用于编辑曲线工具绘制的对象，如"手绘"工具、"贝塞尔"工具和"钢笔"工具等绘制出的图像。对于非曲线工具绘制的图形，需先将其进行转曲线操作后方能进行编辑，如"椭圆形"工具、"多边形"工具及"文本"工具等绘制出的图像。默认快捷键 F10。

（2）【涂抹笔刷工具】：通过在矢量图外轮廓涂抹使其变形，涂抹工具不能用于群组对象，需将其解散后方能进行涂抹操作。

（3）【粗糙笔刷工具】：可使对象轮廓产生粗糙效果，把锯齿或者尖突效果应用于对象边缘；不能对群组对象进行操作。

（4）【自由变换工具】：使选取的对象产生自由旋转、自由角度反射、自由缩放或自由倾斜变换；可用于群组对象的变换操作。

（5）【涂抹工具】：沿对象的轮廓边缘拖动以更改其边缘，可用于群组对象的涂抹操作。

（6）【转动工具】：沿对象的轮廓边缘拖动为其添加转动效果，使用时根据按鼠标左键的时间长短决定转动的圈数；可用于群组对象的转动操作。

（7）【吸引工具】：将节点吸引到光标处，从而调整对象的形状；可用于群组对象。

（8）【排斥工具】：将节点推离光标处，从而调整对象的形状；可用于群组对象。

3. 裁剪工具组

裁剪工具组中包含四种工具，分别是【裁切工具】、【刻刀工具】、【橡皮擦工具】和【虚拟段删除工具】。

【裁切工具】：用于裁切对象或导入图像中不需要的部分，可以裁切群组对象及未转换为曲线的对象。

（1）【刻刀工具】：用于将整体对象分割为独立的对象。

（2）【橡皮擦工具】：可擦除选定图形中不需要的部分。

（3）【虚拟段删除工具】：使用该工具可以很方便地删除绘制图形的重叠部分及不需要的线段。

4. 缩放工具组

缩放工具组中包含两种工具，分别是【缩放工具】和【平移工具】。

（1）【缩放工具】：单击页面可放大。按下 Shift 键，单击页面可缩小。默认快捷键 Z。

（2）【平移工具】：用于移动页面视图，右击也可以缩小页面视图，按住左键可拖动视图。默认快捷键 H。

5. 手绘工具组

手绘工具组中包含八种工具，分别是【手绘工具】、【2 点线工具】、【贝塞尔工具】、【艺术笔工具】、【钢笔工具】、【B 样条工具】、【折线工具】、【3 点曲线工具】。

（1）【手绘工具】：用手绘方式绘制图形。默认快捷键 F5。

（2）【2 点线工具】：用于绘制两点直线，该工具是新增加的。

（3）【贝塞尔工具】：利用节点精确绘制直线、圆滑曲线和不规则图形等。

（4）【艺术笔工具】：为图形或曲线对象添加艺术笔刷效果。默认快捷键 I。

（5）【钢笔工具】：绘制连续的直线或曲线。

（6）【B 样条工具】：用于绘制 B 样条线图形。

（7）【折线工具】：用于一次一段绘制直线或曲线。

（8）【3 点曲线工具】：绘制任意方向的弧线或类似弧形的曲线。

6. 智能填充工具组

智能填充工具组中包含两种工具，分别是【智能填充工具】和【智能绘图工具】。

（1）【智能填充工具】：使用该工具可以智能填充对象。

（2）【智能绘图工具】：使用该工具可以自由绘制曲线并组织或转换成基本的形状。

7. 矩形工具组

矩形工具组中包含两种工具，分别是【矩形工具】和【3 点矩形工具】。

（1）【矩形工具】：用于绘制矩形，按下 Shift 键可以绘制正方形。默认快捷键 F6。

（2）【3 点矩形工具】：用于绘制任意方向的矩形或正方形。

8. 椭圆形工具组

椭圆形工具组中包含两种工具，分别是【椭圆形工具】和【3 点椭圆工具】。

（1）【椭圆形工具】：用于绘制椭圆形，按住 Ctrl 键可以绘制正圆，默认快捷键 F7。

（2）【3 点椭圆工具】：用于绘制任意方向的椭圆形或正圆形。

9. 多边形工具组

多边形工具组中包含五种工具，分别是【多边形工具】、【星形工具】、【复杂星形工具】、【图纸工具】和【螺纹工具】。

（1）【多边形工具】：用于绘制各种多边形。默认快捷键 Y。

（2）【星形工具】：用于绘制各种星形。

（3）【复杂星形工具】：用于绘制形状较为复杂的星形。

（4）【图纸工具】：用于绘制带网格的图纸。默认快捷键 D。

（5）【螺纹工具】 ![icon] ：用于绘制对称螺纹线或对数螺旋线。默认快捷键 A。

10．基本形状工具组

基本形状工具组中包含五种工具，分别是【基本形状工具】、【箭头形状工具】、【流程图形状工具】、【标题形状工具】和【标注形状工具】，主要用来绘制多种多样的基本形状图形、箭头、流程图、标注图形等。

（1）【基本形状工具】 ![icon] ：绘制平行四边形、梯形、直角三角形、圆环等基本形状。

（2）【箭头形状工具】 ![icon] ：绘制多种多样的箭头。

（3）【流程图形状工具】 ![icon] ：绘制流程图的多种形状。

（4）【标题形状工具】 ![icon] ：绘制多种标题形状。

（5）【标注形状工具】 ![icon] ：绘制多种标注形状。

11．文本工具

【文本工具】 ![icon] ：用于创建或编辑普通文本或美术字文本，也可以通过拖曳来添加段落文本。默认快捷键 F8。

12．表格工具

【表格工具】 ![icon] ：用于创建或编辑各种表格，和【表格】菜单中的【新建表格】命令是对应的。

13．平行度量工具组

平行度量工具组中的工具用于绘制平行、垂直或者水平的度量线。该工具组中包含多种工具。

（1）【平行度量工具】 ![icon] ：用于绘制平行的度量线。

（2）【水平或垂直度量工具】 ![icon] ：用于绘制水平或者垂直的度量线。

（3）【角度量工具】 ![icon] ：用于绘制具有一定角度的度量线。

（4）【线段度量工具】 ![icon] ：用于绘制分段的度量线。

（5）【3 点标注工具】 ![icon] ：用于绘制 3 点度量线。

14．直线连接器工具组

直线连接器工具组中的工具用于在绘制的两个对象之间创建连接线，有多个工具，只是连接方式不同而已。

（1）【直线连接器工具】 ![icon] ：用以直线方式连接两个对象。

（2）【直角连接器工具】 ![icon] ：用以直角折线方式连接两个对象。

（3）【直角圆形连接器工具】 ![icon] ：用以圆角折线方式连接两个对象。

（4）【编辑锚点工具】 ![icon] ：用于编辑连接线上的锚点。

15．调和工具组

调和工具组中包含 7 种工具，分别是【调和工具】、【轮廓图工具】、【变形工具】、

【阴影工具】、【封套工具】、【立体化工具】和【透明度工具】，主要用来对图形进行直接、有效的编辑，创建带有特效的图形等。

（1）【调和工具】：该工具可以在对象之间产生调和效果。所谓调和效果，即在对象之间产生形状和颜色渐变的特殊效果。

（2）【轮廓图工具】：用于创建图形或文本对象向中心、向内、向外的同心轮廓线效果。

（3）【变形工具】：用于创建图形的变形效果。

（4）【阴影工具】：用于为图形对象添加阴影，产生阴影的三维效果。

（5）【封套工具】：用于为图形或文本对象创建封套效果。

（6）【立体化工具】：用于为图形对象添加额外的表面，产生纵深感的三维的立体化效果。

（7）【透明度工具】：用于为图形对象添加多种多样的透明效果。

16．颜色滴管工具组

颜色滴管工具组包括两个工具，它们主要用于吸取颜色样本或填充对象的颜色。

（1）【颜色滴管工具】：主要用于在编辑区吸取或者选择某一对象的颜色。

（2）【属性滴管工具】：用于复制颜色并以复制的颜色填充对象。在一个对象上单击即可复制颜色，然后单击需要填充的对象后，即可进行填充。

17．轮廓笔工具组

轮廓笔工具组包括如下一些工具，主要用于对图形或文字设置轮廓和轮廓颜色。

（1）【轮廓笔工具】：单击该按钮，打开【轮廓笔】对话框，可为对象添加轮廓、轮廓颜色和轮廓线形状，默认快捷键 F12。

（2）【轮廓色工具】：单击该按钮，打开【轮廓颜色】对话框，可为对象添加颜色，默认快捷键"F12 + 空格键"。

（3）【细线轮廓工具】：在同组的按钮中，选择一个即可。

（4）【彩色工具】：单击该按钮，打开【颜色】泊坞窗，为轮廓设置颜色。

18．填充工具组

填充工具组中包含 7 种工具，分别是【均匀填充工具】、【渐变填充工具】、【图样填充工具】、【底纹填充工具】、【PostScript 填充】、【无填充】、【彩色】，主要用于应用均匀、渐变、图案、纹理等多种填充效果。

（1）【均匀填充工具】：使用"均匀填充"方式可以为对象填充单一颜色，也可以在调色板中单击颜色进行填充。"均匀填充"包含"模型"填充、"混合器"填充和"调色板"填充 3 种。默认快捷键 F12 + 空格键。

（2）【渐变填充工具】：使用"渐变填充"方式可以为对象添加两种或多种颜色的平滑渐进色彩效果。"渐变填充"方式包括"线性""辐射""圆锥"和"正方形"4 种填充类型，应用到设计创作中可表现物体质感，以及在绘图中表现丰富的色彩变化。

（3）【图样填充工具】：使用"图样填充"工具可以直接为对象填充预设的图案，也可用绘制的对象或导入的图像创建图样进行填充。

（4）【底纹填充工具】："底纹填充"方式是用随机生成的纹理来填充对象，赋予对象自然的外观，CorelDRAW 中自带多种底纹样式，每种底纹都可通过"底纹填充"对话框进行相应的属性设置。

（5）【PostScript 填充】：使用 PostScript 语音设计的特殊纹理进行填充，有些底纹非常复杂，因此打印或屏幕显示包含 PostScript 底纹填充的对象时，等待时间可能比较长，并且一些填充可能不会显示，而只能显示字母 ps，这种现象取决于对填充对象所应用的视图方式。

（6）【无填充】：选中一个已填充的对象，然后选择"无填充"，即可直接删除填充内容，但轮廓颜色不进行任何改变。

（7）【彩色】：通过"彩色"命令可以打开"颜色泊坞窗"，在该泊坞窗中可以直接设置"填充"和"轮廓"的颜色。

19. 交互式填充工具组

交互式填充工具组中包含两种工具：

（1）【交互式填充工具】：用于对选定对象应用交互式填充效果。默认快捷键 G。

（2）【网状填充工具】：用于对选定对象应用交互式网状填充效果。默认快捷键 M。

1.3.2　标题栏

标题栏位于 CorelDRAW 操作界面最顶端，见图 1 - 3 - 5，显示了当前运行程序，打开文件的位置、名称，以及用于关闭窗口、放大和缩小窗口的几个快捷键。此外，选择标题栏最左侧的图标单击，将弹出一个快捷菜单，通过选择其中相应的命令也可对应用程序进行移动、最小化、最大化、关闭等操作。

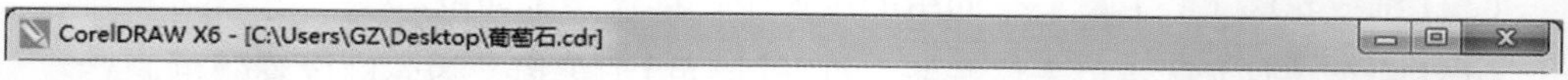

图 1 - 3 - 5　标题栏

1.3.3　菜单栏

CorelDRAW 的菜单栏由文件、编辑、视图、布局、排列、效果、位图、文本、表格、工具、窗口和帮助等菜单组成，也可以把它拖动成单独的浮动窗口，见图 1 - 3 - 6，在每一个菜单之下又有若干个子菜单项。此外，通过单击菜单栏右侧的几个按钮，可最小化、最大化、向下还原及关闭当前文件窗口。

在使用菜单命令时应注意以下几个方面：

◇　命令后跟有 ▶ 符号，表示该命令下还有子命令。

◇ 命令后跟有快捷键，表示按下快捷键可执行该命令。

◇ 命令后跟有组合键，表示直接按组合键可执行菜单命令。

◇ 命令后跟有"…"符号，表示单击该命令将弹出一个对话框。

◇ 命令呈现灰色，表示该命令在当前状态下不可使用，需要选定合适的对象之后方可使用。

图 1 - 3 - 6　菜单栏

1. "文件"菜单

"文件"菜单见图 1 - 3 - 7。该菜单中的命令用于文件的新建、打开、保存、打印、导入、导出和发布等操作。

图 1 - 3 - 7　"文件"菜单

图 1 - 3 - 8　"编辑"菜单

2. "编辑"菜单

"编辑"菜单见图 1 - 3 - 8。该菜单中的命令主要用于对选定的对象，如图形、文字和符号等，执行剪切、复制、粘贴、删除、插入等操作，还用于撤销上一步的操作和重新操作等。另外，还可以用于插入特定的对象，比如插入新对象等。

11

3. "视图"菜单

"视图"菜单见图 1-3-9。该菜单中的命令主要用于帮助用户从不同的角度、选用不同的方式观察图形。使用该菜单中的命令可以控制视图和窗口的显示方式，是否显示标尺、网格和辅助线，还可以用于设置对象的对齐等。

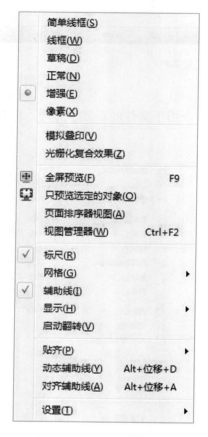

图 1-3-9   "视图"菜单   图 1-3-10   "布局"菜单

4. "布局"菜单

"布局"菜单见图 1-3-10。该菜单中的命令用于组织和管理页面等，还可以对页面进行设置、设置页面背景、重命名页面、删除页面和转换页面等。

5. "排列"菜单

"排列"菜单见图 1-3-11。该菜单中的命令主要用于对象的调整操作，包括变换对象、清除变换、对齐和分布对象、合并对象、锁定对象等。

6. "效果"菜单

"效果"菜单见图 1-3-12。该菜单中的命令主要用于对选定的对象应用特殊效果，包括调整色彩、变换效果、校正、应用艺术笔、设置轮廓图、设置立体效果、应用透镜和斜角，还可以复制效果、克隆效果和清除效果等。

图 1 - 3 - 11 "排列"菜单   图 1 - 3 - 12 "效果"菜单

7. "位图"菜单

"位图"菜单见图 1 - 3 - 13。该菜单中的命令主要用于编辑位图，包括转换为位图、重新取样、设置位图模式、变换颜色、设置三维效果，应用艺术笔触、设置轮廓图等。

图 1 - 3 - 13 "位图"菜单   图 1 - 3 - 14 "文本"菜单

8. "文本"菜单

"文本"菜单见图 1-3-14。该菜单中的命令主要用于处理文本效果，包括格式化字符和段落、设置制表符和栏、编辑文本、插入符号字符、设置首字下沉、矫正文本、编码、更改大小写、文本统计信息和设置书写工具等。

9. "表格"菜单

"表格"菜单见图 1-3-15。该菜单中的命令用于创建表格、编辑表格、选定表格和删除表格等，还可以实现将文本转换为表格或者将表格转换为文本等操作。

10. "工具"菜单

"工具"菜单见图 1-3-16。该菜单中的命令用于设置选项、定义界面和进行颜色管理等操作，还可以进行对象、颜色样式、调色板的编辑，以及对象数据、视图、链接的管理。另外，使用该菜单中的命令可以使用和编辑 Visual Basic、运行脚本，以及创建箭头、字符和图样等。

图 1-3-15 "表格"菜单

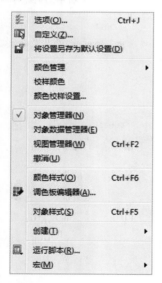

图 1-3-16 "工具"菜单

图 1-3-17 "窗口"菜单

图 1-3-18 "帮助"菜单

11. "窗口"菜单

"窗口"菜单见图 1-3-17。它提供了对窗口进行管理和操作的一些命令，比如设置水平平铺或垂直平铺等。另外，还可以设置图形编辑窗口的显示方式等。

12. "帮助"菜单

"帮助"菜单见图 1-3-18。它提供了帮助系统、视频教程、提示、新增功能、技术支持和在线帮助信息等，使用这些帮助信息有助于提高工作效率。

1.3.4 工具栏

默认情况下，标准工具栏位于菜单栏的下面。标准工具栏其实是将菜单中的一些常用命令选项按钮化，以方便用户快捷操作，见图 1 – 3 – 19。

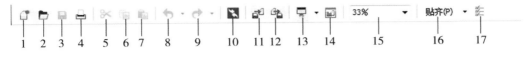

图 1 – 3 – 19 工具栏

1——"新建"：新建一个文件；

2——"打开"：打开文件；

3——"保存"：保存文件；

4——"打印"：打印文件；

5——"剪切"：剪贴文件，并将文件放到剪贴板上；

6——"复制"：复制文件，并将文件复制到剪贴板上；

7——"粘贴"：粘贴文件；

8——"撤销"：撤销上一步操作；

9——"重做"：恢复撤销的一步操作；

10——"搜索内容"：搜索相关内容；

11——"导入"：导入文件；

12——"导出"：导出文件；

13——"应用程序启动器"：打开菜单选择其他的 Corel 应用程序；

14——"欢迎屏幕"：打开 CorelDRAW 的欢迎窗口；

15——"缩放级别"：用于控制页面视图的显示比例；

16——"贴齐"：用于贴齐网格、辅助线、对象，或打开动态导线功能；

17——"选项"：单击该按钮，可打开【选项】对话框。

1.3.5 绘图窗口

工作区中一个带阴影的矩形，称为绘图页面。用户可以根据实际的尺寸需要，对绘图页面的大小进行调整。在进行图形的输出处理时，可根据纸张大小设置页面大小，同时对象必须放置在页面范围之内，否则可能无法完全输出。页面指示区位于工作区的左下角，用来显示 CorelDRAW 文件所包含的页面数，方便用户在各页面之间切换，或者在第 1 页之前、最后页面之后增加新页面，见图 1 – 3 – 20。

图 1 - 3 - 20　绘图窗口

1.3.6　属性栏

属性栏位于标准工具栏的下面，属性栏会根据用户选择的工具和操作状态显示不同的相关属性。在属性栏，用户可以方便地设置工具或对象的各项属性，见图 1 - 3 - 21。

图 1 - 3 - 21　属性栏

1.3.7　泊坞窗

泊坞窗是可以放置各种管理器和编辑命令的工作面板，需要时，执行菜单栏中的"窗口"→"泊坞窗"命令，然后选择各种管理器和命令选项，即可将其激活并显示在页面上。图 1 - 3 - 22 中所示为【造型管理器】泊坞窗。

1.3.8　标尺

标尺显示在操作界面的左侧和上部，标尺可以帮助用户确定图形的大小和设定精确的位置。选择"查看/标尺"命令可显示或隐藏标尺，见图 1 - 3 - 23。

图 1 - 3 - 22　泊坞窗

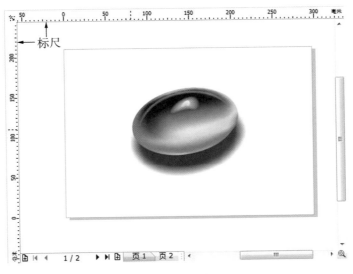

图 1 - 3 - 23　标尺

1.3.9　文档调色板

文档调色板包含当前文档色样的泊坞栏，见图 1 - 3 - 24。

图 1 - 3 - 24　文档调色板

1.3.10　绘图页面

默认情况下，绘图页面位于操作界面的正中间，是进行绘图操作的主要工作区域，只有在绘图页面上的图形才能被打印出来，见图 1 - 3 - 25。

图 1 - 3 - 25　绘图页面

1.3.11　状态栏

状态栏位于操作界面的最底部，显示了当前工作状态的相关信息，例如被选中对象的简要属性、工具使用状态提示及鼠标坐标位置等信息，见图 1 - 3 - 26。

图 1 - 3 - 26　状态栏

1.3.12　导航器

导航器位于窗口右下角的按钮，可打开一个较小的显示窗口，帮助设计人员在绘图上进行移动操作，见图 1 - 3 - 27。

图 1 - 3 - 27　导航器

1.3.13　调色板

调色板中放置了 CorelDRAW X6 中默认的各种颜色色标，见图 1 - 3 - 28。默认情况下，调色板位于操作界面的最右侧，色彩模式默认为 CMYK 颜色模式。利用调色板可以快速地为图形和文本对象选择轮廓色和填充色。

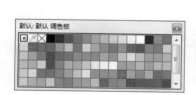

图 1 - 3 - 28　调色板

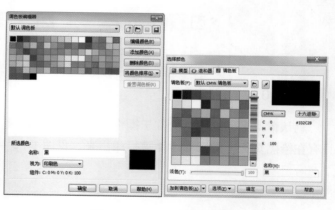

图 1 - 3 - 29　调色板编辑器

执行菜单栏中的"工具"→"调色板编辑器"命令，弹出如图 1 - 3 - 29 所示的"调色板编辑器"对话框，在该对话框中可以对调色板属性进行设置，包括修改"默认色彩模式""编辑颜色""添加颜色""删除颜色""将颜色排序"和"重置调色板"等。

其中"颜色模式"是将某种颜色表现为数字形式的模型，是一种记录图像颜色的方式。分为：RGB 模式、CMYK 模式、HSB 模式、Lab 颜色模式、位图模式、灰度模式、索引颜色模式、双色调模式和多通道模式。颜色模式的选择关系到绘图作品完成后的最终效果，这里将几种颜色模式做简要介绍：

1. RGB 颜色模式

虽然可见光的波长有一定的范围，但在处理颜色时并不需要将每一种波长的颜色都单独表示。因为自然界中所有的颜色都可以用红（red）、绿（green）、蓝（blue）这三种颜色波长的不同强度组合而得，这就是人们常说的三基色原理。因此，这三种光常被人们称为三基色或三原色（RGB）。有时也称这三种基色为添加色（additive colors），这是因为当把不同光的波长加到一起时，得到的将会是更加明亮的颜色。把三种基色交互重叠，就产生了次混合色：青（cyan）、洋红（magenta）、黄（yellow），同时也引出了互补色（complement colors）的概念。基色和次混合色是彼此的互补色，即彼此之间最不一样的颜色。例如青色由蓝色和绿色构成，而红色是缺少的一种颜色，因此青色和红色构成了彼此的互补色。在数字视频中，对 RGB 三基色各进行 8 位编码就构成了大约 1677 万种颜色，这就是常说的真彩色。电视机和计算机的监视器都是基于 RGB 颜色模式来创建其颜色的。

2. CMYK 模式

CMYK 颜色模式是一种印刷模式。其四个字母分别指青（cyan）、洋红（magenta）、黄（yellow）、黑（black），在印刷中代表四种颜色的油墨。CMYK 模式在本质上与 RGB 模式没有区别，只是产生色彩的原理不同，在 RGB 模式中由光源发出的色光混合生成颜色，而在 CMYK 模式中由光线照到有不同比例 C、M、Y、K 油墨的纸上，部分光谱被吸收后，反射到人眼的光产生颜色。由于 C、M、Y、K 在混合成色时，随着 C、M、Y、K 四种成分的增多，反射到人眼的光会越来越少，光线的亮度会越来越低。所以 CMYK 模式产生颜色的方法又被称为色光减色法。

3. HSB 颜色模式

从心理学的角度来看，颜色有三个要素：色泽（hue）、饱和度（saturation）和亮度（brightness）。HSB 颜色模式便是基于人对颜色的心理感受的一种颜色模式。它是由 RGB 三基色转换为 Lab 模式，再在 Lab 模式的基础上考虑人对颜色的心理感受这一因素而转换成的。因此这种颜色模式比较符合人的视觉感受，效果更加直观。它可由底与底对接的两个圆锥体模型来表示，其中轴向表示亮度，自上而下由白变黑；径向表示色饱和度，自内向外逐渐变高；而圆周方向，则表示色调的变化，形成色环。

4. Lab 颜色模式

Lab 颜色由 RGB 三基色转换而来，它是由 RGB 模式转换为 HSB 模式和 CMYK 模式的桥梁。该颜色模式由一个发光率（luminance）和两个颜色（a，b）轴组成。它由颜色轴所构成的平面上的环形线来表示色的变化。其中，径向表示色饱和度的变化，自内向外，饱和度逐渐增高；圆周方向表示色调的变化，每个圆周形成一个色环；而不同的发光率表示不同的亮度并对应不同环形颜色变化线。它是一种具有"独立于设备"的颜色模式，即不论使用何种监视器或者打印机，Lab 的颜色不变。其中 a 表示从洋红至绿色的范围，b 表示黄色至蓝色的范围。

5. 位图模式

位图模式用两种颜色(黑和白)来表示图像中的像素。位图模式的图像也叫作黑白图像。因为其深度为1,也称为一位图像。由于位图模式只用黑白色来表示图像的像素,在将图像转换为位图模式时会丢失大量细节,因此图像处理软件提供了几种算法来模拟图像中丢失的细节。在宽度、高度和分辨率相同的情况下,位图模式的图像尺寸最小,约为灰度模式的 1/7,在 RGB 模式的 1/22 以下。

6. 灰度模式

灰度模式可以使用多达 256 级灰度来表现图像,使图像的过渡更平滑细腻。灰度图像的每个像素有一个 0(黑色)到 255(白色)之间的亮度值。灰度值也可以用黑色油墨覆盖的百分比来表示(0% 等于白色,100% 等于黑色)。使用黑折或灰度扫描仪产生的图像常以灰度显示。

7. 索引颜色模式

索引颜色模式是网页和动画中常用的图像模式,当彩色图像转换为索引颜色的图像后包含近 256 种颜色。索引颜色图像包含一个颜色表。如果原图像中颜色不能用 256 色表现,则会从可使用的颜色中选出最相近颜色来模拟这些颜色,这样可以减小图像文件的尺寸。颜色表用来存放图像中的颜色并为这些颜色建立颜色索引,颜色表可在转换的过程中定义或在生成索引图像后修改。

8. 双色调模式

双色调模式采用 2～4 种彩色油墨来创建由双色调(2 种颜色)、三色调(3 种颜色)和四色调(4 种颜色),混合其色阶来组成图像。在将灰度图像转换为双色调模式的过程中,可以对色调进行编辑,产生特殊的效果。而双色调模式最主要的用途是使用尽量少的颜色表现尽量多的颜色层次,这对于减少印刷成本很重要,因为在印刷时,每增加一种色调都需要增加比较大的成本。

9. 多通道模式

多通道模式对有特殊打印要求的图像非常有用。例如,如果图像中只使用了一两种或两三种颜色,使用多通道模式可以减少印刷成本并保证图像颜色的正确输出。"8位/16 位通道模式"在灰度 RGB 或 CMYK 模式下,可以使用 16 位通道来代替默认的 8 位通道。根据默认情况,8 位通道中包含 256 个色阶,如果增到 16 位,每个通道的色阶数量为 65 536 个,这样能得到更多的色彩细节。CorelDRAW 可以识别和输入 16 位通道的图像,但对于这种图像限制很多,所有的滤镜都不能使用,另外 16 位通道模式的图像不能被印刷。

2 宝石款式绘制应用实例

2.1 宝石款式概述

宝石款式是宝石原石经琢磨成型后的式样，也称"宝石琢型"。本章主要介绍首饰镶嵌中常见宝石款式及其基本绘制方法。在首饰设计绘图中，常见的宝石款式主要包含刻面宝石，弧面宝石及随形宝石三大类。

刻面琢型（faceted cut）是指许多刻面按一定的规则排列，组成具有一定几何形态且对称的多面体。这种款式适用于所有的透明宝石（无色或有色），其优点是能够充分体现宝石的体色、火彩、亮度和闪烁程度，见图2-1-1。

弧面琢型（cabochon）是指表面突起的、截面呈流线形的且具有一定对称性的宝石，其底面可以是平的或弯曲的，抛光的或不抛光的。主要用于不透明到半透明，或具有特殊光学效应（如变彩、猫眼、星光等效应），或含有较多包裹体、裂隙等宝石材料的加工，见图2-1-2。

随形宝石多指一些宝石原石形态，或是后续人工根据材料特点雕刻而成的宝石琢型，通常要求材料裂纹少，结构细腻，内含物少，颜色鲜艳。低档宝石材料的小碎粒和部分中、高档宝石材料的边角料也可加工成随形，见图2-1-3。具体的宝石与适用的镶嵌方法将在下面的案例制作中介绍。

  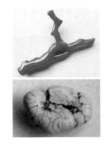

图2-1-1　刻面琢型宝石　　　图2-1-2　弧面琢型宝石　　　图2-1-3　随形宝石

本书中所列举的三大类宝石分别包含：
（1）刻面宝石：标准圆钻琢型、椭圆刻面琢型、橄榄刻面琢型、祖母绿琢型；
（2）弧面宝石：椭圆葡萄石、圆形猫眼石宝石、球形珍珠；
（3）随形宝石：欧珀、绿松石。

2.2 圆形刻面宝石绘图

2.2.1 知识准备

圆形钻石的历史可以追溯至 1750 年以前，1873 年波士顿的钻石切割师亨利·莫尔斯（Henry Morse）发明打圆机后，使圆形钻石更容易加工出令人赏心悦目的对称轮廓。这种开创性的机器让钻石切磨师能够生产出非常圆的钻石，而不必依循原石晶体的形状切磨。后来几经改进，利用严格标准的高科技自动切磨设备进行切磨塑形。这种圆形明亮式钻石以最大腰围为分界线，腰围以上的部分称为冠部，腰围以下的部分称为亭部。整颗宝石在切割时一般会被切割出 58 个刻面，其中冠部 33 个刻面，亭部 25 个刻面；25 分以下的石头无底面，整颗石头就只有 57 个刻面。

1969 年和 1978 年斯堪的纳维亚地区的国家，以及国际钻石委员会，先后推出了成品钻石切工分级标准，为圆钻形琢型提出一系列理想比例和角度，具体参见图 2-2-1 和表 2-2-1GIA 标准钻石切工比率分级表。

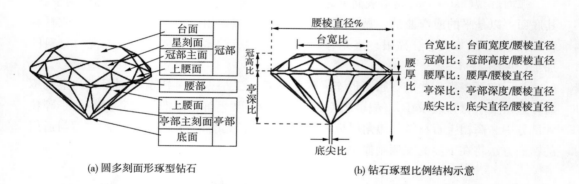

(a) 圆多刻面形琢型钻石   (b) 钻石琢型比例结构示意

克拉	0.05	0.10	0.20	0.25	0.30	0.40	0.50	0.70
直径/mm	2.5	3.0	3.8	4.1	4.5	4.8	5.2	5.8
高度/mm	1.5	1.8	2.3	2.5	2.7	3.0	3.1	3.5

克拉	0.90	1.00	1.25	1.50	1.75	2.00	2.50	3.00
直径/mm	6.3	6.5	6.9	7.4	7.8	8.2	8.8	9.4
高度/mm	3.8	3.9	4.3	4.5	4.7	4.9	5.3	5.6

图 2-2-1 标准圆钻各项参数

表2－2－1　GIA标准钻石切工比率分级表

	一般（Good）	好（VG）	很好（EX）	好（VG）	一般（Good）
台宽比	47～49	50～51	52～62	63～66	67～69
冠高比	≤8.5	9.0～10.5	11.0～16.0	16.5～18.0	≥18.2
腰厚比	0～0.5	1.0～1.5	2.0～4.5	5.0～7.5	≥8.0
亭深比	≤39.5	40.0～41.0	41.5～45.0	45.5～46.5	≥47.0
底尖比			Pointer－1.9	2.0～3.9	≥4.0
全深比	≤55	55.0～57	57.5～60	60～62	≥65
星小面比	<40	40～45	45～65	65～70	>70
下腰面比		<65	70～85	>90	
冠　　角	26～30	30～31	31.5～36.5	37～38	38～40
亭　　角	38.2～38.8	39.8～40.4	40.4～41.8	42～42.4	42.6～43

圆钻的切磨样式，能很大地影响宝石成品的火彩、光泽等光学效应，并能影响宝石成品的重量。这种切割方法除了应用在钻石切割上之外，还经常会运用到无色透明宝石，如锆石、刚玉、水晶、碧玺之类的石头的加工中。

2.2.2　绘图

1. 绘图思路

（1）根据标准圆钻的结构线绘制出线结构图；

（2）将每个形状结构进行智能填充，便于形成闭合形状进行后续上色；

（3）使用【渐变填充工具】和【均匀填充工具】对每一个形状进行渐变色调节；

技术点睛：标尺的使用，原地复制，辅助键Ctrl、Shift的使用，框选，中心对齐，快捷键Shift＋PgUp，智能填充，旋转复制，重复再制，造型—修剪

学习目的：本案例介绍标准圆钻琢形的绘制及上色全过程

2. 具体画法步骤

（1）单击工具箱中的【椭圆形工具】按钮，按住Ctrl键，在页面空白处拖动鼠标绘制出一个正圆形；在正圆形被选取的情况下，修改属性栏中的"对象大小"数值为6.5mm，见图2－2－2。

（2）使用标尺绘制出0°、22.5°、45°、67.5°、90°辅助线。

①辅助线是在标尺栏用鼠标向页面拖动生成的，点选菜单栏"视图—贴齐—贴齐对象"命令，辅助线在经过圆形的中心时会出现一个提示，见图2－2－3；

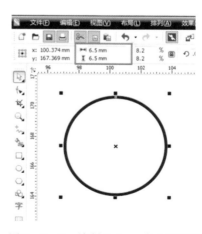

图2－2－2　绘制6.5mm大小正圆形

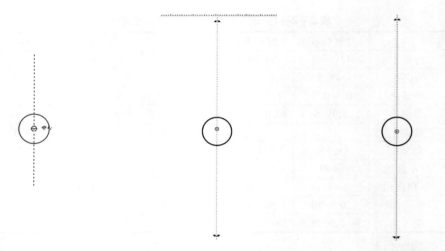

图 2 - 2 - 3　辅助线经过圆心　　　图 2 - 2 - 4　展示辅助线　　　图 2 - 2 - 5　辅助线中心和
　　　　　　 时的提示　　　　　　　　　　　　　 的中心　　　　　　　　　　　　　 圆心重合

②双击辅助线，出现辅助线的中心，见图 2 - 2 - 4；

③用鼠标点击拖动辅助线的中心，向圆形的圆心靠拢，直至两者完全贴合后放开鼠标，见图 2 - 2 - 5；

④选中辅助线，进行原地复制（单击小键盘上的"＋"即可完成），在属性栏"旋转角度"一栏输入"22.5"，原地复制出来的垂直辅助线则旋转成为 22.5°的辅助线，见图 2 - 2 - 6；

⑤用同样的方法绘制出 0°、45°、67.5°三条辅助线，见图 2 - 2 - 7。

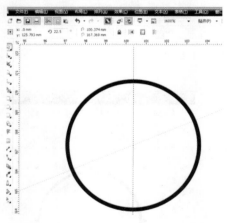

图 2 - 2 - 6　生成 22.5°的辅助线

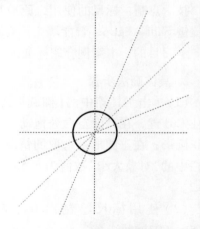

图 2 - 2 - 7　绘制 3 条辅助标尺线

（3）单击工具箱中的【矩形工具】按钮，使用 Ctrl 键辅助，在页面空白处拖动鼠标绘制出一个正方形；在正方形被选取的情况下，修改属性栏中的"对象大小"数值为 3.445mm×3.445mm（数值根据标准圆钻台面比例 54% 计算得来），见图 2 - 2 - 8。

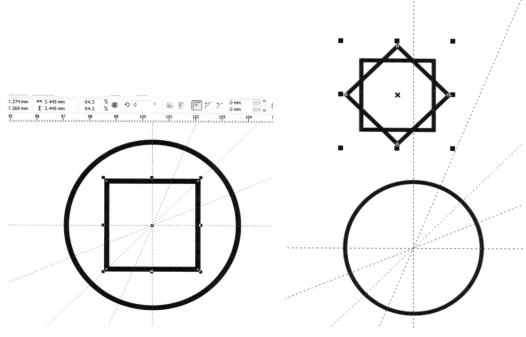

图 2 - 2 - 8　绘制边长为 3.445mm 的正方形　　　　图 2 - 2 - 9　复制并旋转正方形

（4）选择正方形使用快捷键"Ctrl + C"后，按"Ctrl + V"复制出等大的另一个正方形，在属性栏内"旋转角度"内输入 45，按回车键使其旋转，见图 2 - 2 - 9。

（5）框选图中两个正方形和圆形，使用快捷键 C 和 E 使其中心对齐；也可以使用菜单栏中"排列—对齐与分布—水平居中对齐"和"排列—对齐与分布—垂直居中对齐"两个按钮完成同样的效果，见图 2 - 2 - 10、图 2 - 2 - 11。

（6）同时选中两个正方形，点击属性栏"相交"功能，得到圆钻台面（黄色八边形），见图 2 - 2 - 12，选中这个八边形后，使用快捷键"Shift + PgUp"将这个黄色正八边形调整到页面图层最前面，便于后续操作。

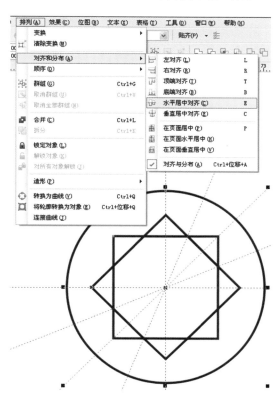

图 2 - 2 - 10　使所有图形水平居中对齐

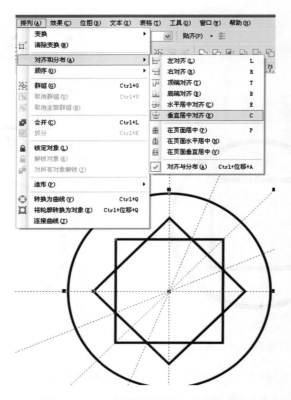

图 2 - 2 - 11　使所有图形垂直居中对齐

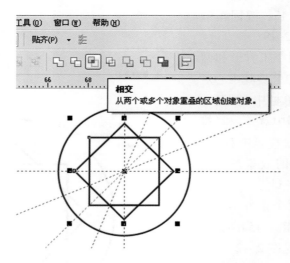

图 2 - 2 - 12　两个正方形相交得到台面

（7）选择"窗口—泊坞窗—造型"命令，在软件右侧出现造型命令窗口，在"造型"命令下选择"修剪"下拉选项，勾选"保留原始源对象"（此命令可以在进行修剪操作后，保留所有参与运算的形状），见图 2 - 2 - 13。

图 2 - 2 - 13 调出"造型—修剪"命令

（8）选择台面（上一步生成的正八边形），使用"造型—修剪"命令后，可分别修剪两个正方形，分别得到两组星刻面（红色一组，蓝色一组，见图 2 - 2 - 14），然后在台面上点击鼠标右键将其放置在当前图层前面。

提示：此处出现"修剪"功能的使用，在涉及此类命令的造型操作中要注意操作对象选择的先后顺序。设置一简单公式帮助大家理解：A - B = C，其中 A 是先选择的形状（黄色台面），B 是后选择的形状（一个正方形），选择"修剪"命令后，得到 C 形状（一组星刻面）。在勾选"保留原始源对象"的前提下，A 形状不变（黄色台面），B 形状发生变化（正方形），C 是新得到的形状（一组星刻面）。

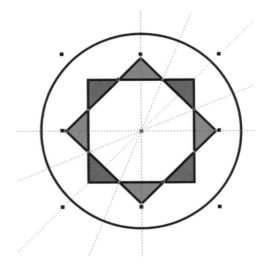

图 2 - 2 - 14 得到两组星刻面

（9）鼠标右键分别单击两组星刻面进行"拆分曲线"，见图 2 - 2 - 15；此时，得到 8 个星刻面都是可以单独选择的独立三角形。

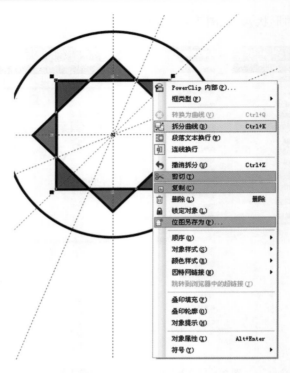

图 2 – 2 – 15　拆分两组星刻面

（10）使用工具箱中【手绘工具】下的"折线"绘制出一条连续的多折线（红色），见图 2 – 2 – 16；再次使用"折线"绘制出一条折线（蓝色），见图 2 – 2 – 17；选中两组折线，进行群组，见图 2 – 2 – 18。

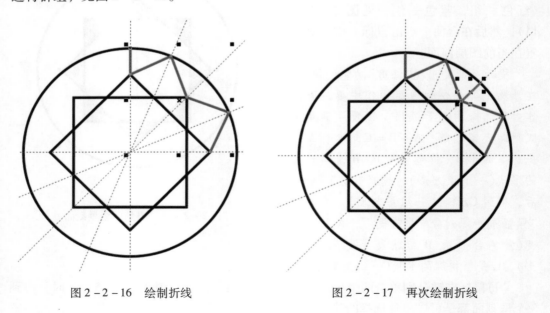

图 2 – 2 – 16　绘制折线　　　　　　　　　　图 2 – 2 – 17　再次绘制折线

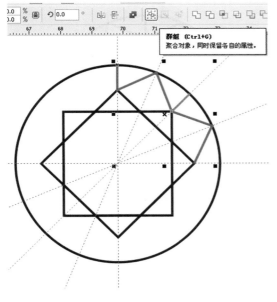

图 2 – 2 – 18　两组折线群组

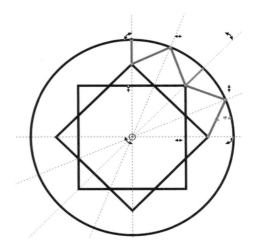

图 2 – 2 – 19　移动折线群组的中心到圆心上

（11）双击这组折线，然后将它们的中心拖动到正圆的中心上，使两个中心重合，见图 2 – 2 – 19。

（12）利用 Ctrl 键与鼠标结合，拖动"冠主面与上腰面"的组合旋转复制到合适位置，见图 2 – 2 – 20。

提示："旋转复制"是一种比较特殊的复制方式，它能够在完成旋转的同时复制出一个新副本，具体操作如下：

①将要进行旋转复制的物体 A（也可以是物体的群组）用鼠标双击，将展示出来的物件的中心拖动到世界坐标的中心位置（也就是被 A 围绕旋转的物体的中心上）；

②再次双击 A，使 A 处于旋转状态下；

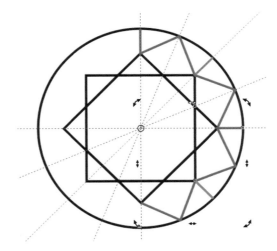

图 2 – 2 – 20　旋转复制折线组

③用鼠标拖住四个顶点的任意一个弧线箭头进行旋转，至合适的位置时，快速点击鼠标左键；此时就产生一个经过旋转的 A 的副本 a。

（13）在原地复制红色折线的状态下，再次对其进行旋转复制，最终完成图 2 – 2 – 21 所示的效果。

（14）修改线条颜色，去除辅助线，调整方向，完成绘制，见图 2 – 2 – 22。

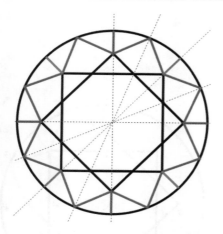

图 2 - 2 - 21　继续复制折线

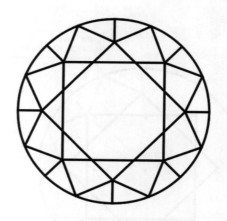

图 2 - 2 - 22　完成绘制

　　（15）选取圆钻中的大圆，并使用工具箱内【填充工具】下的"均匀填充"命令（图 2 - 2 - 23）进行填充，调整颜色模式选择"RGB"，设置参数"240，5，25"，见图 2 - 2 - 24。

图 2 - 2 - 23　填充颜色

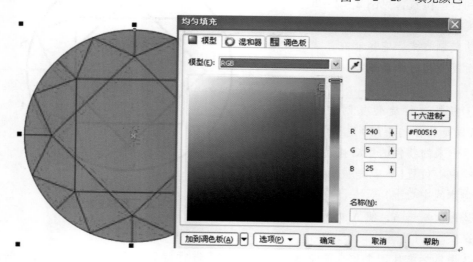

图 2 - 2 - 24　设置颜色参数

　　（16）选中正八边形，点击工具箱内【填充工具】下的"渐变填充"命令（见图 2 - 2 - 25），在弹出的对话框"颜色调和"中点击"自定义"，单击色块下面的"其它"按钮，出现一个新的"选择颜色"的对话框，在"模型"方式中选择"RGB"，输入"R：60，G：10，B：15"三个数值，对自定义颜色中的第一个颜色点（红色圆圈中标识的）进行填充，见图2-2-26。

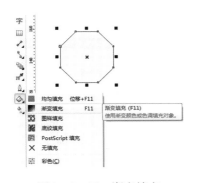

图2-2-25　渐变填充

图2-2-26　参数设置

（17）在自定义颜色色带中添加渐变颜色控制节点，并设置每个节点的填充参数——第一组数值为："108，7，25"；第二组数值为："188，8，35"；第三组数值为："253，93，137"；见图2-2-27～图2-2-29。

图2-2-27　节点参数（第一组）　　图2-2-28　节点参数（第二组）　　图2-2-29　节点参数（第三组）

（18）选中左上角11点钟位置（为了便于准确定位，这里以钟表盘面的刻度为例）的星刻面，利用【填充工具】对星刻面的颜色进行"线性"填充；由于这个面积比较小，在使用"颜色调和"时，选择"双色—从—更多"按键后，在弹出的对话框中，选择"模型—RGB"，输入"R：255，G：204，B：204"三个数值，见图2-2-30、图2-2-31。为了更清晰地辨识上色的各个宝石刻面，这里为每个

图2-2-30　星刻面填充白色

刻面进行了边缘线颜色的调整，在颜色调整完毕后，可以统一调整边缘线的颜色和粗细。

用同样的方法调整与之相邻的两个星刻面的颜色，注意颜色要比第一个星刻面的颜色稍暗。

图 2 – 2 – 31　高光星刻面的渐变填充

（19）三个暗部星刻面的颜色填充均使用工具箱中"均匀填充"命令，最暗的星刻面（5 点钟位置）输入数值为"R：90，G：10，B：20"，另外两个星刻面的颜色可以在"调色板"中直接挑选，见图 2 – 2 – 32、图 2 – 2 – 33。

图 2 – 2 – 32　均匀填充暗部星刻面

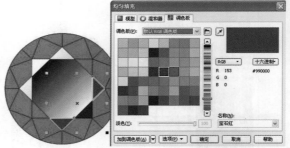

图 2 – 2 – 33　均匀填充两个星刻面

（20）过渡色的两个星刻面（2 点钟、7 点钟位置）的颜色填充使用"双色"调和，见图 2 – 2 – 34（单击颜色块 ■▼ 选择色块下方的"更多"调出"选择颜色"对话框进行颜色选择），"从"后面的颜色输入框输入"R：190，G：10，B：40"三个数值；"到"后面的颜色输入框输入"R：250，G：90，B：135"三个数值。

（21）（黄色框）高光冠主面的双色颜色填充——"从"后面的颜色直接在"调色板"中调出；"到"后面的颜色为默认的白色，见图 2 – 2 – 35。（蓝色框）冠主面的双色颜色填充，"从"后面的颜色输入框输入"R：255，G：210，B：230"三个数值；"到"后面的颜色为默认的白色，见图 2 – 2 – 36。

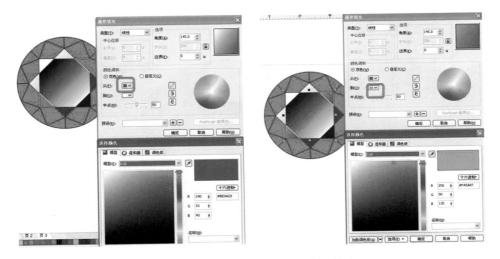

图 2 - 2 - 34　过渡色星刻面的渐变填充

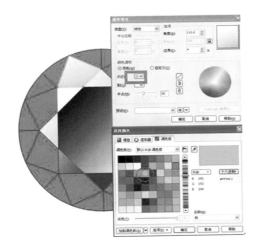

图 2 - 2 - 35　冠主面渐变色填充(黄色)

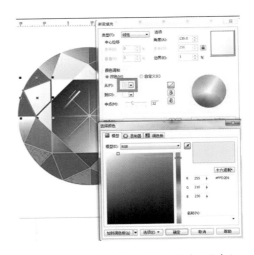

图 2 - 2 - 36　冠主面渐变色填充(蓝色)

(22)4 点钟位置暗部冠主面的双色颜色填充,"从"后面的颜色输入框输入"R:174,G:7,B:43"三个数值;"到"后面的颜色输入框输入"R:255,G:152,B:168"三个数值,见图 2 - 2 - 37。

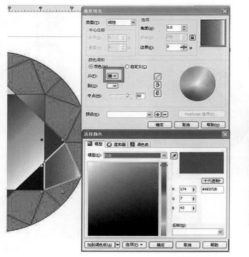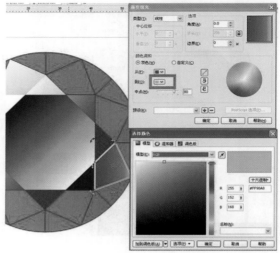

图 2 - 2 - 37　暗部冠主面渐变填充

（23）1 点钟位置和 7 点钟位置的冠主面的颜色为"均匀填充"，RGB 数值分别为："195，45，50；192，11，38"，见图 2 - 2 - 38、图 2 - 2 - 39。

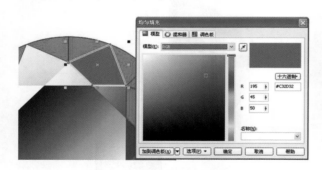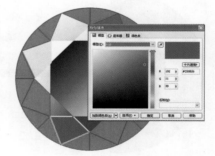

图 2 - 2 - 38　1 点钟位置冠主面的均匀填充　　　图 2 - 2 - 39　7 点钟位置冠主面的均匀填充

8 点钟位置的冠主面颜色设置为"渐变填充"下的"双色"填充，"从"后面的颜色输入框输入"R：205，G：45，B：50"三个数值；"到"后面的颜色输入框输入"R：220，G：120，B：92"三个数值，见图 2 - 2 - 40。

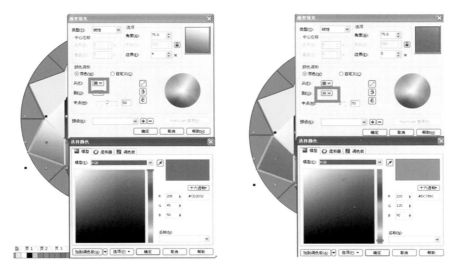

图 2 - 2 - 40   8 点钟位置冠主面的渐变填充

(24)暗部上腰面(共 6 个，黄色边框围住)的颜色填充使用"均匀填充"，模型采用 RGB 颜色模式，参数设置为"R：175，G：50，B：50"，见图 2 - 2 - 41。

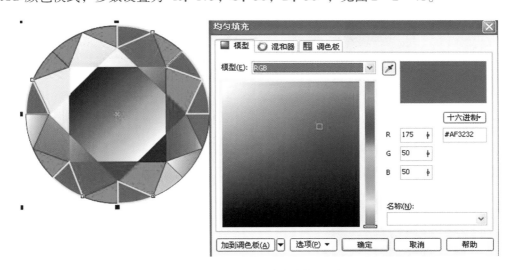

图 2 - 2 - 41   均匀填充暗部上腰面

(25)反光上腰面(两个)的颜色填充使用"渐变填充"下的"双色"填充，"从"后面的颜色输入框输入"R：240，G：5，B：25"三个数值；"到"后面的颜色输入框输入"R：254，G：254，B：254"三个数值，见图 2 - 2 - 42。

(26)5 点钟位置的上腰面的颜色使用"均匀填充"，RGB 数值为 255，153，153，见图 2 - 2 - 43。

(27)10 点钟和 4 点钟位置的两个上腰面的颜色使用"均匀填充"，RGB 数值为"190，45，50"，见图 2 - 2 - 44。

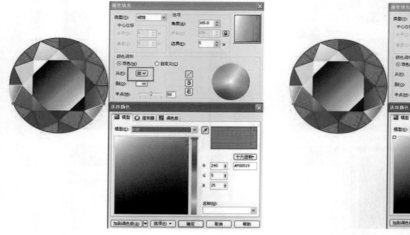

图 2 - 2 - 42　反光上腰面的渐变填充(2 个面)

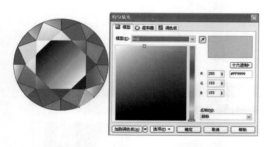

图 2 - 2 - 43　填充上腰面
(1 个面, 5 点钟位置)

图 2 - 2 - 44　填充上腰面
(2 个面, 4 点钟位置和 10 点钟位置)

(28)使用工具箱内的多边形工具 ⬡, 调整其属性栏内边数为 8, 按住 Ctrl 键绘制一个正八边形, 放置到圆钻的中心, 见图 2 - 2 - 45。

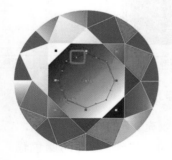

图 2 - 2 - 45　绘制八边形放置到圆钻中心

图 2 - 2 - 46　改变八边形造型

(29)使用工具箱内的形状工具 ⬚, 按住 Ctrl 键, 点击鼠标左键拖动图 2 - 2 - 45 红色方框中的节点, 向内拖动, 得到图 2 - 2 - 46 效果。

(30)修改八边形填充颜色及边框, 边框设置成无边框或无色, 使用工具箱内透明

度工具 ⧓ ，设置图 2 – 2 – 47 所示属性栏。

图 2 – 2 – 47　透明度工具属性栏

（31）添加台面反光，完成最终上色，填充后的最终效果见图 2 – 2 –48。

图 2 – 2 – 48　填充完成效果

2.3　椭圆形刻面宝石绘图

2.3.1　知识准备

椭圆形刻面琢型的正式名称是"椭圆形改良明亮式琢型"，是基于其外形和对传统圆明亮式琢型的改良，标准琢型一共有 69 个刻面。椭圆形切工由拉赞尔·卡普兰（Lazare Kaplan）于 20 世纪 60 年代发明。椭圆钻石，其原石留存达到 50% 至 60%，适合长方形八面体的钻石原石，同时因为它可以保留钻石较高的质量，故多用于重新切割古代钻石。

椭圆形刻面宝石画法与圆形刻面型的画法非常相似，主要注意宝石的长宽比例。一颗椭圆刻面宝石的最佳纵横比率是 1.5∶1，就是说长度约为宽度的 1.5 倍，如果纵横比率大于 1.5，在台面上观察钻石时，中部就会出现一块暗区，这被称为"蝴蝶结"效应。这样的钻石不是很理想。但如果长宽比率小于 1.5，宝石看起来就像变形的圆形宝石，刻面椭圆形的宝石在闪亮度上可与圆形刻面宝石媲美。

2.3.2　绘图

1. 绘图思路

（1）利用"缩放"功能对标准圆钻的基本造型进行比例调整，尽量使椭圆形刻面宝石的长宽比达到 1.5∶1 ～ 2∶1 的大小；

（2）利用"效果—调整—色度/饱和度/亮度"命令来快速调整；

（3）前提：本章的练习建立在"标准圆钻刻面宝石绘制及上色"完成的基础之上。

技术点睛：变换造型，调整色度/饱和度/亮度

学习目的：在已有目标基础上进行比例和颜色调整的方法

2. 具体画法步骤

（1）调用已经画好的圆钻，选中圆钻中的所有形状，利用"Ctrl + G"快捷键进行群组。

（2）选择"窗口—泊坞窗—变换—缩放和镜像"命令，调出"变换"命令面板，见图 2 - 3 - 1。

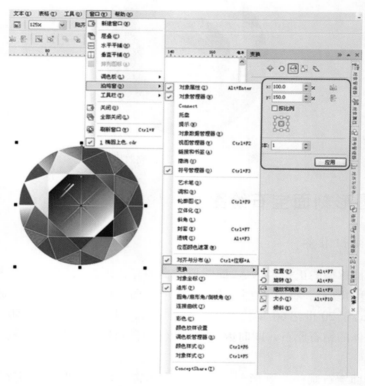

图 2 - 3 - 1　调整圆钻比例

（3）将"变换"面板中的数值进行调整，设置宝石长度为宽度的 1.5 倍；副本选择"1"，意思是在保证原造型不消失的情况下增加一个变换后的形状；修改完毕后，点击"应用"，出现一个椭圆形的副本，见图 2 - 3 - 2。

（4）在掌握圆形刻面宝石的上色方法后，对于不同的颜色需求，我们可以使用菜单栏工具"效果—调整—色度/饱和度/亮度"来快速调整，见图 2 - 3 - 3。

图 2 - 3 - 2　椭圆刻面宝石副本

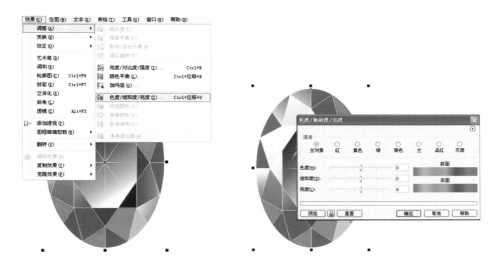

图 2 - 3 - 3　调出"色度/饱和度/亮度"窗口

（5）调整"色度/饱和度/亮度"各项数值，尝试达到理想的颜色和效果，见图 2 - 3 - 4～图 2 - 3 - 7。

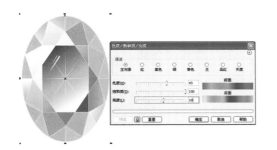

图 2 - 3 - 4　调整"色度/饱和度/亮度"窗口

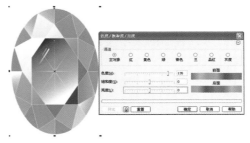

图 2 - 3 - 5　"色度/饱和度/亮度"窗口

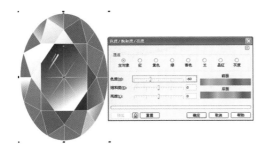

图 2 - 3 - 6　调出"色度/饱和度/亮度"窗口

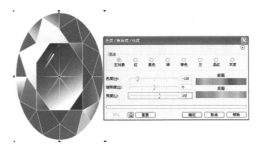

图 2 - 3 - 7　"色度/饱和度/亮度"窗口

2.4　橄榄形刻面宝石绘图

2.4.1　知识准备

橄榄琢型又称"马眼琢型"或者"舟形琢型"，在现代钻石磨工中有"琢型王后"之称。

"Marquise（马眼形）"发音为"mahr-keez"，这种优雅、细长的钻石拥有弧形的侧边曲线和尖细的两端。这个名称形成于 18 世纪 40 年代的法国，传说其来自于法国国王路易十五的情妇蓬巴杜侯爵夫人，因为这种形状酷似蓬巴杜夫人的嘴唇，当时佩戴这种琢形的宝石是身份和地位的象征。

橄榄形钻石还被称为"navette"（古法语中的"小船"）。因为其形状类似于赛艇船体，而航海是 20 世纪初爱德华时期英国国王爱德华七世和同时代的富人们最大的爱好。橄榄形钻石在 20 世纪 70 年代也非常受欢迎：由于其特别的形状，橄榄形钻石的正面看起来比同样重量的圆形钻石更大；很多新娘非常喜欢橄榄形，是因为这种切工能让她们的手指显得更纤细修长。

橄榄形刻面切割宝石两端具有瘦窄的切割线条，可以将钻石的光线凝聚，这种切割方法同时可以使钻石重量达到最佳。切工主要考虑长宽比的要求，一般长宽比在 1.75∶1～2.25∶1 为佳，见图 2－4－1；全深比一般在 60% 左右；从台面看去，腰围呈圆弧形，台面的大小应该在腰围大小的 50% 左右；橄榄形琢型在评价时，两边对称性要好（图 2－4－2）。

图 2－4－1　橄榄琢型钻石不同的长宽比例
摄影：Al Gilbertson（阿尔·吉尔伯特森）/GIA

图 2－4－2　主石为 8.03 克拉、D 颜色等级的内无瑕级橄榄形钻石，产自著名的印度戈尔康达矿场
（由 1stdibs.com 提供）

2.4.2　绘图

1. 绘图思路

①了解简易橄榄刻面宝石基本结构；

②利用属性栏的"调整"命令更改橄榄尺寸；

③使用【快速填充工具】辅助快速选择各个刻面；

④使用【吸管工具】吸取实际拍摄宝石照片的颜色，进行快速上色。

技术点睛：锁定对象，原地复制，测量工具，吸管工具。

学习目的：学会对已有图片进行颜色摄取，进而对新宝石上色。

2. 具体画法步骤

（1）建立空白页面，在工具箱中选择【2点线工具】绘制出一组十字定位线；绘制水平或者垂直线条时，可以使用 Ctrl 键辅助，见图 2 - 4 - 3。

（2）框选十字线，对其进行群组（Ctrl + G）；点击右键，选择"锁定对象"，见图 2 - 4 - 4。

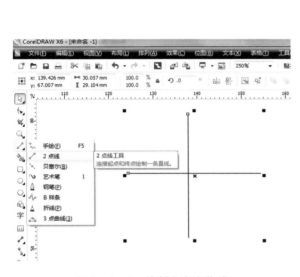

图 2 - 4 - 3　绘制十字定位线

图 2 - 4 - 4　群组十字线后进行锁定

（3）在工具箱中选择【椭圆形工具】 ◯（可用快捷键 F7），鼠标指向水平线，出现"边缘"标识时（图 2 - 4 - 5），按住键盘"Shift + Ctrl"键再同时按鼠标左键拖动，此时会出现一个圆心在水平线上的正圆，大小合适后，松开鼠标。正圆画好后，按 Ctrl 键平移到适当位置，见图 2 - 4 - 6。

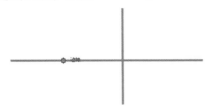

图 2 - 4 - 5　鼠标与水平线重合，出现边缘标识

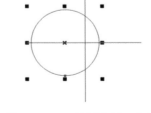

图 2 - 4 - 6　绘制出第一个圆

（4）选中所绘的圆，按小键盘"＋"号原地复制一个，平移到与第一个圆左右对称的位置，见图 2－4－7。

（5）同时选中两个圆，利用"相交"命令，取得交集部分的橄榄形，见图 2－4－8。

（6）删除两个辅助圆，保留橄榄形，见图 2－4－9。

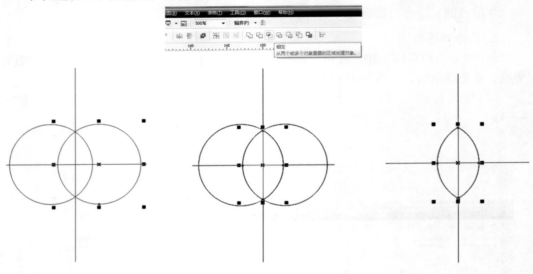

图 2－4－7　绘制第二个辅助圆　　图 2－4－8　相交命令　　图 2－4－9　保留橄榄形

（7）绘制 4 条水平线，目的是将橄榄形纵轴的一半（上短半轴）平均分成三份，具体操作如下：

①使第一条直线过橄榄形顶点，最后一条通过橄榄形的中心，见图 2－4－10。

②一并选中四条红色水平线后，选择"排列—对齐和分布—对齐与分布（A）"命令，见图 2－4－11；右侧出现"对齐与分布"面板，点击"顶部分散排列"，4 条水平线平均分布在选定的纵向距离中。

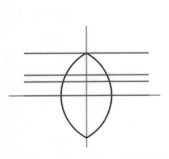

图 2－4－10　绘制 4 条水平线　　图 2－4－11　调出对齐与分布命令，使 4 条水平线平均分布

（8）选择【矩形工具】，把鼠标移到橄榄形的中心，待其出现"中心"标识后（图2－4－12），按住Shift键，拖动鼠标到第二条辅助线与橄榄形相交的点后松开鼠标（图2－4－13）。注意绘制矩形之前已经打开"视图"中的"贴齐对象"功能，在绘制长方形时会产生关键点提示效果（图2－4－14）。

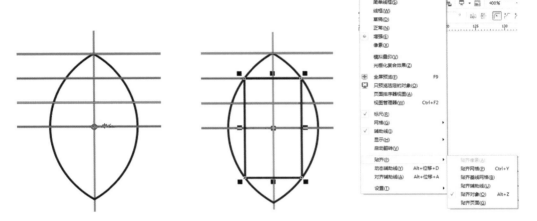

图2－4－12　橄榄形中心标识　　图2－4－13　绘制一个长方形　　图2－4－14　设置贴齐对象
　　辅助功能

（9）在工具箱中选择【手绘工具】，依次连接四个关键点，见图2－4－15；删除四条水平辅助线，获得简易橄榄形刻面，见图2－4－16。

（10）在工具箱中选择【测量工具】，根据绘制的橄榄形宝石进行尺寸测量，计算橄榄形宝石的长宽比例（图2－4－17）；此处比例为1.73∶1，略小于橄榄形1.75∶1～2.25∶1的切割比例。

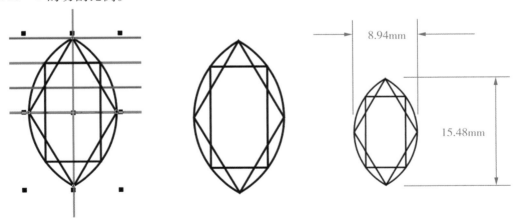

图2－4－15　绘制台面　　图2－4－16　橄榄形刻面绘制完成　　图2－4－17　测量宝石长宽

（11）选中橄榄石的全部结构后，在属性栏的"长度"15.48后面直接输入"＊1.2"，打开锁定长度比的功能，使宝石长度变为18.6，宽度保持8.94不变，达到2∶1的长宽比，见图2－4－18。

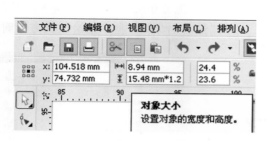

图 2 - 4 - 18　修改长宽比后的橄榄刻面宝石

图 2 - 4 - 19　导入参考图片

（12）准备上色，使用菜单栏"文件—导入"命令导入一张图片，见图 2 - 4 - 19。

（13）在工具箱中选择【智能填充工具】，鼠标单击台面上任意位置得到台面形状，见图 2 - 4 - 20。

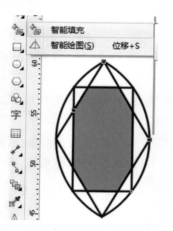

图 2 - 4 - 20　利用【智能填充工具】
捕捉台面形状

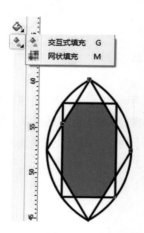

图 2 - 4 - 21　利用【交互式填充工具】
为台面上色

（14）在工具箱中选择【交互式填充工具】，设置明暗方向。拖动鼠标设置填充路径，拖动路径两端方块可调整填充路径角度，鼠标放在路径上变为" + "字时，可以用鼠标拖动调整整条路径的位置，见图 2 - 4 - 21。

（15）选中交互式填充的开始色块，在【交互式填充工具】属性栏中设置颜色填充的方式为"线性"，填充颜色，见图 2 - 4 - 22。

在"填充挑选器"选择框左下角选择【颜色吸管工具】；然后导入一张参考图片，在图片上橄榄石的暗色区域点击选择一个自己需要的颜色，这时选中的左上角的色块就自动被填充上"吸管"的颜色，见图 2 - 4 - 23。

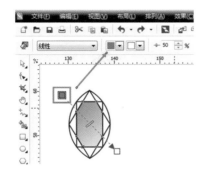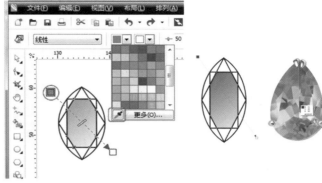

图2-4-22　交互式填充工具　　　　　图2-4-23　用颜色吸管吸取颜色后，
　　　　　属性栏　　　　　　　　　　　　　　　　开始色块自动随之变化

　　如果对吸取的颜色不满意，可以继续使用"填充挑选器"中色块下方的"更多"功能键，调出"选择颜色"对话框，对用"滴管"选出的颜色进行调整，见图2-4-24。

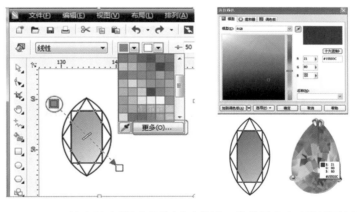

图2-4-24　"填充挑选器"中"更多"功能键，参考图片中选取需要颜色

　　(16)设置好交互式直线填充的第一个点的颜色后，在填充路径的虚线上双击鼠标增加另外两个颜色填充控制点；分别使两个控制点处于选择状态下，在属性栏上选择"渐变填充节点颜色"功能，利用"吸管"选择颜色为其进行填充，见图2-4-25。

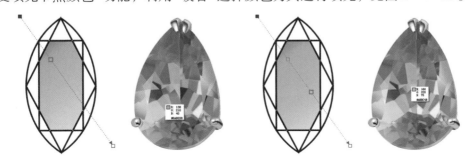

图2-4-25　添加颜色节点1、2

（17）调整填充路径的位置、角度及边界；调整节点位置，见图 2 - 4 - 26。

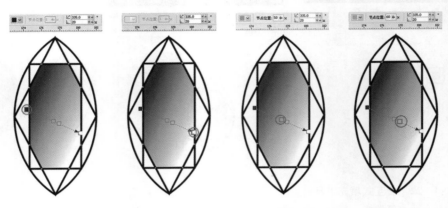

图 2 - 4 - 26　调整填充路径的位置

（18）选择长方形，对其进行"交互式填充"，填充类型选择"线性"，各个颜色节点设置见图 2 - 4 - 27。

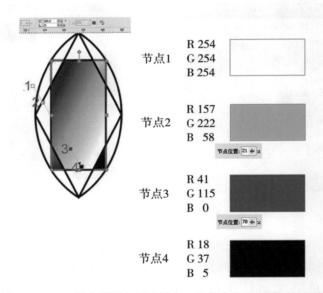

节点1	R 254 G 254 B 254	
节点2	R 157 G 222 B 58	
节点3	R 41 G 115 B 0	
节点4	R 18 G 37 B 5	

图 2 - 4 - 27　长方形的交互式填充，各节点选取所需要的颜色

（19）选择菱形，对其进行交互式填充，填充类型选择"线性"，各个颜色节点设置见图 2 - 4 - 28。

（20）选择橄榄形底面进行交互式填充；选择橄榄形，对其进行交互式填充，填充类型选择"辐射"，各个颜色节点设置见图 2 - 4 - 29。

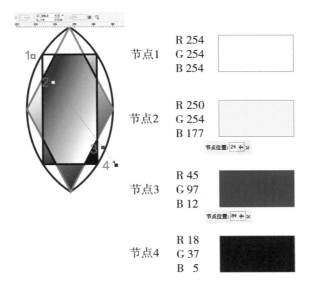

节点1	R 254 G 254 B 254
节点2	R 250 G 254 B 177　节点位置：24 + %
节点3	R 45 G 97 B 12　节点位置：84 + %
节点4	R 18 G 37 B 5

图2－4－28　菱形的交互式填充，各节点选取所需要的颜色

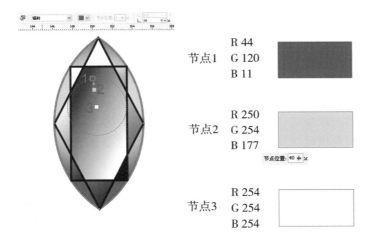

节点1	R 44 G 120 B 11
节点2	R 250 G 254 B 177　节点位置：40 + %
节点3	R 254 G 254 B 254

图2－4－29　橄榄形底面的交互式填充，各节点选取所需要的颜色

（21）使用工具箱内的【多边形工具】 ，【形状工具】 ，制作星光，具体方法参照本章第二节标准圆钻星光制作方法；按住 Ctrl 键，水平缩放八角形至合适大小，修改八角形的透明度，见图2－4－30。

（22）修改轮廓线粗细及颜色，添加台面反光线，完成绘制，见图2－4－31。

图 2 - 4 - 30　修改星光透明度

图 2 - 4 - 31　完成绘制

2.5　祖母绿刻面宝石绘图

2.5.1　知识准备

祖母绿琢型起源于 19 世纪，是一种典型的阶梯琢型，该琢型中一共有 50 个标准刻面。该琢型的台面和整体外形均为正方形或长方形，四个角被切掉，较大的台面能够很好地体现出宝石的体色。因为切割面相对较少，所以加工过程相对简单安全，非常适合生长过程中裂隙较多的祖母绿。因此，在 20 世纪，这种琢型被广泛应用于祖母绿的加工，故而得名。现在也会将这种琢型运用于钻石、海蓝宝石、碧玺之类宝石的加工中，其主要原因是祖母绿琢型相较于明亮琢型，其重量损失较小，能够最大限度地保证宝石的价值。

祖母绿琢型要获得较为理想的琢型比例，各个结构之间的比例关系应该按照图 2 - 5 - 1 所表示的比例进行绘制，但是在实际加工磨制中，首先要考虑到宝石重量的最大化，因此实际祖母绿宝石的比例和结构会根据原石的具体情况而定，本案例中主要以标准比例进行建模。

图 2 - 5 - 1　长方形祖母绿琢型

2.5.2　绘图

1. 绘图思路

①在十字定位线上绘制出 12 × 18 和 8 × 14 的两个矩形；

②制作出辅助线确定几个关键点，如宽度的 1/6，长度的 1/3（图 2 - 5 - 2）；

③制作宝石台面；

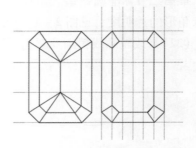

图 2 - 5 - 2　祖母绿标准画法比例（12 × 18）

④连接结构线，完成绘制。

技术点睛：矩形工具，轮廓调和工具，手绘工具，轮廓工具，刻刀工具，标尺工具，"水平/垂直居中对齐"，Ctrl 键、C 键、E 键等辅助键

学习目的：学会配合标尺绘制祖母绿宝石的结构以及学会利用交互式填充进行上色

2. 具体操作步骤

（1）单击工具箱中的【手绘工具】按钮，使用 Ctrl 键辅助，用鼠标在空白页面上绘制一条水平线和一条垂直线。

（2）选中两条直线后，使用快捷键 C 和 E 使其中心对齐；也可以使用菜单栏中"排列—对齐和分布—水平居中对齐"和"排列—对齐和分布—垂直居中对齐"完成，见图 2 - 5 - 3。

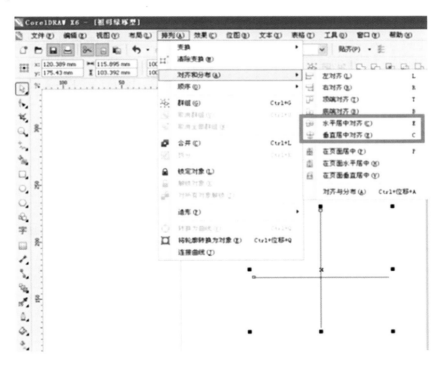

图 2 - 5 - 3　水平居中对齐，垂直居中对齐操作后的十字线

单击工具箱中的【矩形工具】按钮，在页面空白处拖动鼠标绘制出一个矩形；在矩形被选取的情况下，修改属性栏中的"对象大小"数值为 12mm × 18mm，见图 2 - 5 - 4。

（3）同时使矩形和十字线处于被选择状态下，使用快捷键 C 和 E 使其中心对齐，见图 2 - 5 - 5。

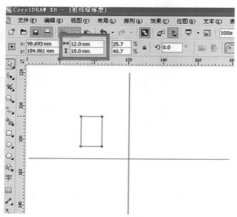

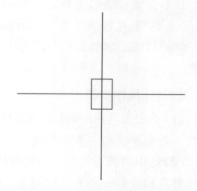

图 2 – 5 – 4　创建一个 12mm × 18mm 的矩形　　　　图 2 – 5 – 5　矩形和十字线中心对齐

(4)点击工具箱【轮廓工具】—【轮廓图】后,用鼠标在画好的矩形上向内拖动,释放鼠标后产生一个等比例缩小的矩形,将其属性栏中轮廓图偏移的距离数值设置为 2mm,即得到一个 8mm × 14mm 的矩形,见图 2 – 5 – 6;8mm 和 14mm 的计算方法是将宝石的横向长度分成 6 等份,每份的长度为 $12 \div 6 = 2(\text{mm})$,$18 - 2 \times 2 = 14(\text{mm})$,$12 - 2 \times 2 = 8(\text{mm})$。

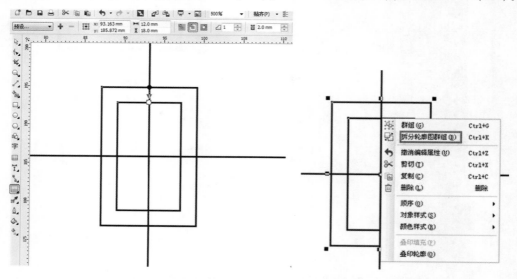

图 2 – 5 – 6　新建 8mm × 14mm 的矩形　　　　　　图 2 – 5 – 7　拆分两个矩形

(5)单击工具箱中【选择工具】，使矩形变成被选择状态,将鼠标移到矩形任一边缘,单击右键,在弹出的菜单中单击"拆分轮廓群组"选项;使相互关联的两个矩形变成独立的个体,见图 2 – 5 – 7。

(6)点击菜单栏"视图—贴齐",勾选"贴齐对象"复选框,打开"贴齐对象"功能,见图 2 – 5 – 8;这时将鼠标移动到页面绘制对象上时,会在关键点的节点上出现贴齐点,拉出 4 条水平标尺和 4 条垂直标尺,见图 2 – 5 – 9。

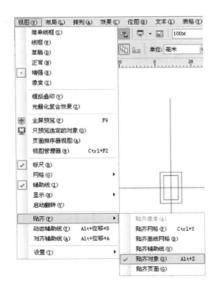

图2-5-8 设置贴齐对象功能

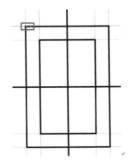

图2-5-9 拖出8条标尺辅助线

（7）在宝石的关键点做出标记，需要将宝石的纵向长度分成3等份，每份的长度为18÷3＝6（mm），具体操作如下：

将标尺的世界坐标原点调整到大长方形的左上角的顶点——具体操作是用鼠标在横向和纵向标尺的汇集点（红色方框内）进行点击并向下拖动，拖动到大矩形左上角的顶点处（蓝色方框内）松开鼠标，仔细观察标尺，在拖动前后标尺的起点位置会发生变化，见图2-5-10、图2-5-11。

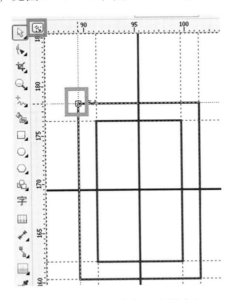

图2-5-10 改变标尺坐标中心

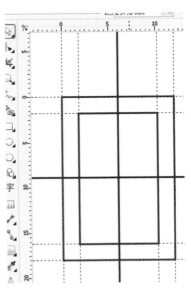

图2-5-11 标尺中心改变到新起点

如果后面想恢复标尺的默认值，只需要在横向和纵向标尺汇集处（红色方框内）双击鼠标即可。

（8）选中 0 刻线横向第一条标尺，在属性栏中改变其纵向的坐标值为" –6mm"，这条辅助线就会自动下移到纵轴 –6mm 的位置上，见图 2 – 5 – 12；用同样的方法将水平刻度为"18"位置上的标尺，调整到" –12"的水平位置上；在属性栏中将新增的直线的纵向坐标设置为" –12"，见图 2 – 5 – 13。

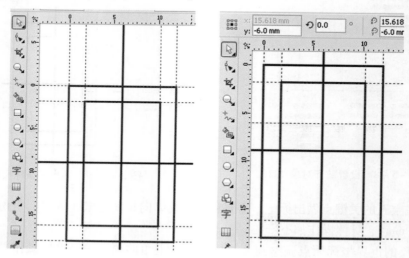

图 2 – 5 – 12　选择 0 刻线的水平标尺，将选中的标尺下移 6mm

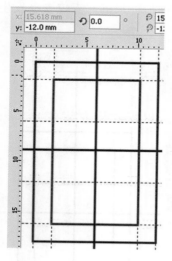

图 2 – 5 – 13　移动水平标尺

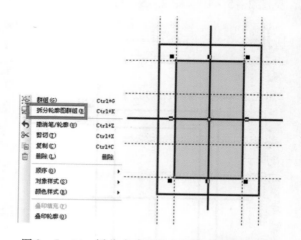

图 2 – 5 – 14　拆分成功后的小矩形和拆分对话框

（9）选择工具箱中【裁剪】中的【刻刀工具】，对大矩形的四个边角进行切割。注意，在切割前一定要对进行过轮廓图调和的两个矩形都进行拆分轮廓群组处理，否则刻刀工具无法使用。且如果前面进行过一次轮廓群组拆分，是拆除大矩形的拆分操作，本次拆分时鼠标一定要在黄色区域内点击右键，才会出现提示拆分的对话框，见图2－5－14。

（10）在菜单栏"视图—贴齐"下勾选"贴齐辅助线"，会产生与辅助线自动贴齐的效果；点击【刻刀工具】后，光标会变成刻刀造型，移动鼠标至矩形和标尺相交的位置，鼠标提示出现"交点"时单击鼠标，再向另一个交点移动，至合适的位置时点击鼠标将刻线的另一端定位，点击鼠标结束刻线绘制。

用同样的方式处理其他三个角，形成图2－5－15中所展示的形状。

注意：【刻刀工具】绘制的线条并非是真正意义上的"线"，而是在原有造型基础上进行的"切割"，这里操作完之后，就形成矩形被切掉四个角的状态。

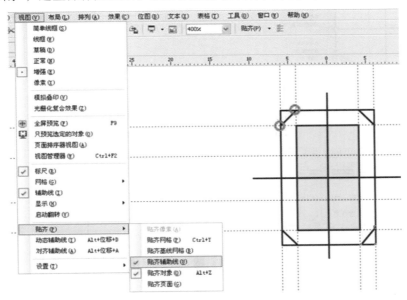

图2－5－15　利用【刻刀工具】精确裁切矩形边角

（11）点击选择矩形的4个三角形，将其删除，见图2－5－16。

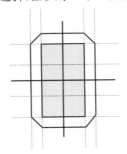

图2－5－16　将裁切掉的4个三角形删除

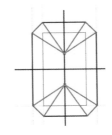

图2－5－17　绘制出4个三角形

（12）利用工具箱【折线工具】 绘制出如图2－5－17所示4个红色三角形。

（13）绘制完毕后，可以放大图形局部，观察每个三角形的顶点是否准确放置在辅助线与外框的交点上，如果没有，点击工具箱中的【形状工具】后，再点击要进行调整的节点，利用鼠标拖动节点完成调整。

（14）选中小矩形，调整其图层为"到页面前面"，见图 2 – 5 – 18。

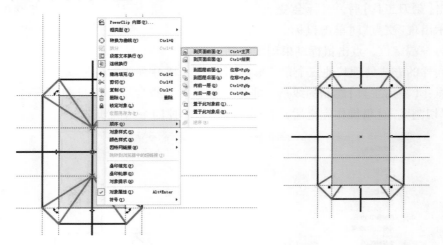

图 2 – 5 – 18　调整小矩形的图层顺序

（15）选中小矩形后，点击颜色面板上的图，去除小矩形的图层颜色，见图 2 – 5 – 19。

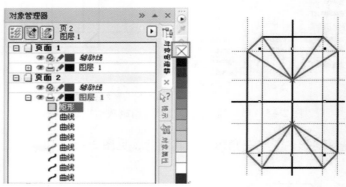

图 2 – 5 – 19　去除小矩形的填充颜色，展示出所有结构线

（16）利用工具箱中【刻刀工具】进行裁切，裁切后去除四个边角，见图 2 – 5 – 20，方法与外围矩形去除四个边角一样。

（17）去掉十字中轴线和多出的辅助线，得到祖母绿琢型的背面结构图，见图 2 – 5 – 21。

（18）利用工具箱【智能填充工具】分别选择四个边角（蓝色标识），得到宝石四个斜角切面，见图 2 – 5 – 22。

（19）删除多余的线条，结果见图 2 – 5 – 23。

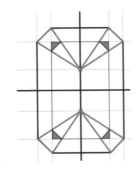

图 2-5-20　裁切小矩形四个边角

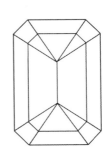

图 2-5-21　祖母绿琢型背面

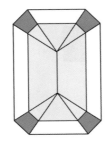

图 2-5-22　生成四个斜角切面

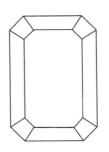

图 2-5-23　祖母绿琢型正面效果

　　选择台面，然后使用工具箱【交互式填充工具】进行线性填充，见图 2-5-24、图 2-5-25。

图 2-5-24　交互式填充角度及边界

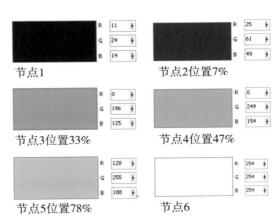

图 2-5-25　添加并调整节点

　　(20)四角小面的颜色填充，见图 2-5-26。

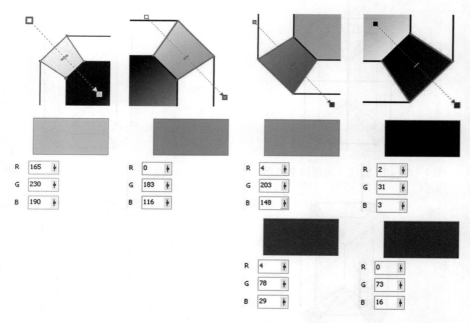

图 2 – 5 – 26　四角小面的颜色填充

（21）祖母绿底面的颜色填充，见图 2 – 5 – 27。

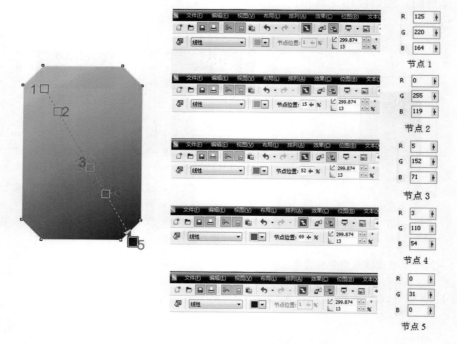

图 2 – 5 – 27　底色的颜色填充

（22）使用工具箱【智能填充工具】生成图 2 – 5 – 28 所示的小面，然后修改小面填充色及小面轮廓线粗细，见图 2 – 5 – 29；使用工具箱【透明度工具】，进行透明度设置，见图 2 – 5 – 30。

图 2 – 5 – 28　智能填充小面

图 2 – 5 – 29　修改小面参数

图 2 – 5 – 30　透明度设置

图 2 – 5 – 31　添加透反光

（23）修改图形轮廓颜色并添加底部透光线及台面反光线，见图 2 – 5 – 31。

2.6　孔雀石随形宝石绘图

2.6.1　知识准备

孔雀石由于颜色酷似孔雀羽毛上斑点的绿色而得名。中国古代称孔雀石为"绿青""石绿"或"青琅玕"。天然孔雀石呈现浓绿、翠绿的光泽，虽不具备珠宝的璀璨，却是一种高贵之石，有种独一无二的高雅气质。孔雀石由于硬度比较低，做宝石不耐用，不能长时间保持好的光泽。判断孔雀石品质的依据主要就是它的颜色和纹理。纹理越细腻，颜色越鲜艳，品质越上乘。孔雀石作观赏石和工艺观赏品时，要求颜色鲜艳，纯正均匀，色带纹带清晰，块体致密无洞，越大越好。

孔雀石的外形一般是弧面，因为其硬度低，制作刻面宝石时棱线容易损毁，所以在绘制时，主要考虑其特殊的纹理效果，以及丝绸般的高光效果的表现。孔雀石原石见图 2-6-1，孔雀石珠串见图 2-6-2。

图 2-6-1　孔雀石原石　　　　　　　图 2-6-2　孔雀石珠串

2.6.2　绘图

1. 绘制思路

①利用贝塞尔工具绘制出孔雀石的基本外形；

②在底纹填充的形状上增加一个线性透明图层，进一步区分亮暗区域；

③根据宝石形状绘制高光，主高光可以制作调和高光，保证其明亮柔和的效果；副高光可以直接使用线性透明调整。

> 技术点睛：手绘工具，形状调节工具，底纹填充，透明度设置，调和工具
>
> 学习目的：学会绘制一个水滴形的宝石轮廓并对其填充孔雀石的颜色和花纹

2. 具体画法步骤

（1）利用工具箱中【折线工具】绘制出水滴形孔雀石大致的形状，见图 2-6-3；使用工具箱中【形状调节工具】调整出一个近似梨形的外轮廓，见图 2-6-4。

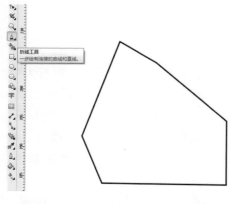

图 2-6-3　绘制孔雀石外轮廓　　　　　图 2-6-4　形状调节

（2）选中该形状，单击工具箱中【填充工具】中的【底纹填充】；在弹出的"底纹库"对话框中选择"样本9–猫头鹰的眼睛"，点击"预览"按键，每点击一次，图样都会随之改变，选择一个自己满意的花纹后停止点击"预览"，见图2–6–5。

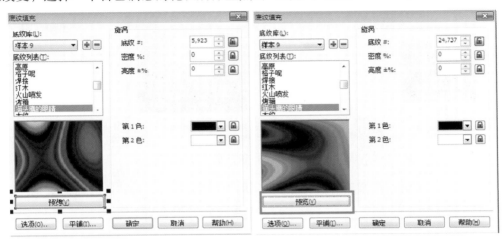

图2–6–5　利用【底纹填充工具】制作宝石花纹

（3）如果这时点击"确定"，指定的形状上就会生成黑白色调的花纹，见图2–6–6。

（4）在预设好花纹形状的基础上调整孔雀石的颜色，先设置"第1色"，点击其右边的颜色下拉按钮，如果没有合适的颜色，可以选择"更多"命令，单击后生成"选择颜色"对话框；选择"模型"模式下"RGB"模型，输入 R：3，G：20，B：10 三个数值，见图2–6–7。

图2–6–6　生成花纹

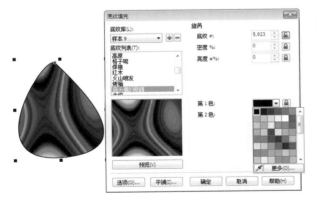

图2–6–7　调整孔雀石花纹为暗色调

用同样的方法对"第2色"进行颜色设置，输入 R：13，G：196，B：128 三个数值，见图2–6–8。

图 2 – 6 – 8　调整孔雀石花纹为亮色调

（5）复制出另外一个宝石，选择工具箱【均匀填充工具】，对其进行均匀填充，填充 RGB 模型值为"3，33，15"，产生一个较深的绿色，见图 2 – 6 – 9。

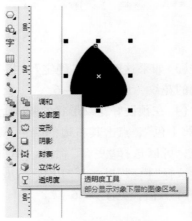

图 2 – 6 – 9　复制并设置深绿色透明度　　　　图 2 – 6 – 10　设置透明度

选中深绿色的水滴形状后，选择工具箱【调和工具】中的【透明度工具】，见图 2 – 6 – 10。

在属性栏对其进行"线性"透明度参数设置，见图 2 – 6 – 11。

图 2 – 6 – 11　设置透明度参数

（6）同时选中两个造型后，利用"排列—对齐和分布—水平居中对齐"和"排列—对齐和分布—垂直居中对齐"命令使两个填充形状完全叠压在一起——1号形状在上；适当调整线性透明的方向和角度，明确宝石亮部在左边，暗部在右边，见图2-6-12。

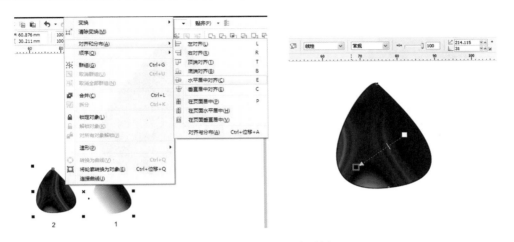

图2-6-12　叠压两个图层

（7）绘制宝石高光，并设置高光透明度为线性，透明度从"0-100"均匀过渡，见图2-6-13。

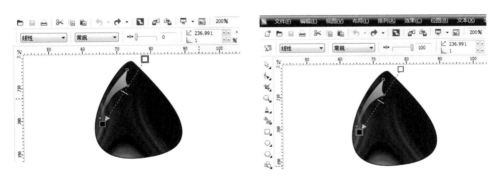

图2-6-13　绘制宝石高光，设置起始点的透明度

（8）复制一个调整好的高光，并将这个副本高光缩小，调整摆放到一边的位置（这里主要是为了让大家能够看清楚），见图2-6-14。

利用工具箱【调和工具】对大小高光进行调和，调整参数见属性栏，调整完毕后将小高光拖动到大高光的上面，使得5个高光从上到下叠压，面积也从小到大逐渐变化，见图2-6-15。

图 2 - 6 - 14　复制高光并缩小

图 2 - 6 - 15　对大小高光进行调和

（9）绘制宝石右下角的副高光，见图 2 - 6 - 16。

图 2 - 6 - 16　绘制副高光

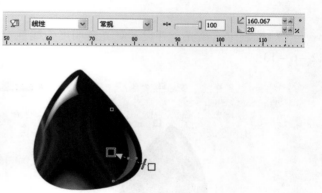

图 2 - 6 - 17　对副高光进行线性透明度设置

对副高光进行线性透明度设置，见图 2 - 6 - 17（具体方法可参照大高光的绘制）。

（10）全选所有物件，使用"Ctrl + G"快捷键进行群组，见图 2 - 6 - 18。鼠标右键单击所有选中物体，去除所有物体边缘线，见图 2 - 6 - 19。

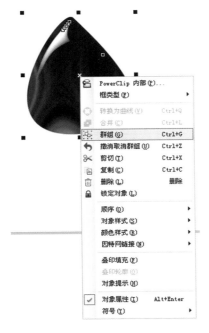

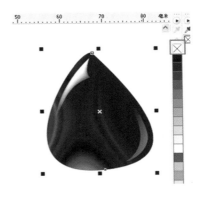

图 2 - 6 - 18　群组所有物体　　　　　图 2 - 6 - 19　去除所有物体边缘线

小结：

对于此类弧面宝石的画法，其重点在于底纹图案的设置和高光的绘制。针对不同底纹的宝石，可以尝试在底纹填充中选择相应的底纹。例如，针对翡翠、芙蓉石等多晶质的宝石，底纹应该选择带有絮状特征的图案；对于玛瑙、孔雀石等花纹明显的宝石，应该选择具有带状底纹的图案；此外，在对话框中多次点击"预览"，可以随机生成该底纹的不同样式。

下面介绍几种常见的底纹模拟宝石的案例，作为参考。可以针对这些提示，尝试制作出自己的宝石素材，用于后面的绘图中。

编号	底纹名称	适合宝石	特征描述
1	样品"午间雾"	翡翠	絮状纹样，适合表现多晶质玉石类宝石的内部结构
2	样品"晨云"	翡翠	
3	样本 6"棉花糖"	芙蓉石	
4	样本 6"废气"	淡绿色翡翠	
		翠绿色翡翠	
5	样本 6"风暴天空"	鸡血石	
6	样本 8"乌云"	碧玉	默认状态呈现蓝绿黑的云雾状
7	样本 8"彩色风暴雨"	黑欧泊	为五彩斑斓的色块

（续表）

编号	底纹名称	适合宝石	特征描述
8	样本9"闪电"	绿松石	纹样都呈现条带状，可用于刻画条纹的宝石；条纹的粗细、分布特征不同，可以用于表现不同的宝石条纹
9	样本9"猫头鹰的眼睛"	玛瑙	
		孔雀石	
10	样式"旋涡"	玛瑙	
11	样式"5色表面"	青金岩	

（注：表格出自吴树玉、许可著《CorelDRAW 首饰设计效果图绘制技法》，中国地质大学出版社）

2.7　圆形珍珠绘图

2.7.1　知识准备

珍珠是一种古老的有机宝石，当沙砾等杂质进入珍珠贝（蚌）中且未能排除时，它的细胞膜就会分泌出珍珠质液，将外来异物一层层地不断包裹起来，以此来降低沙砾对于母体的摩擦和刺激，久而成珠。由于每次所包裹的珍珠质层极薄，因此，一粒珍珠大多由几千层珍珠质包裹叠加而成，历经3～6年时间方能形成。人们又把珍珠分为海水珠、淡水珠、人造珠三种类型。珍珠有白色系、红色系、黄色系、深色系和杂色系五种，多数不透明（图2-7-1）。珍珠的形状多种多样，有圆形、梨形、蛋形、泪滴形、纽扣形和任意形，其中以圆形为佳。图2-7-2为异形海水珠。

图2-7-1　各色珍珠

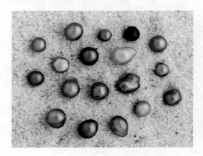

图2-7-2　异形海水珠

2.7.2　绘图

1. 绘图思路

①利用【填充工具】或【交互式填充工具】对绘制宝石局部精确填充颜色；

②在填充颜色时，考虑珍珠特殊的晕彩效果，可以添加不同渐变色的图层配合透明度的调整绘制。

技术点睛：填充工具（辐射填充），透明度工具（编辑透明度），轮廓调和工具，手绘工具，轮廓工具，Ctrl辅助键

学习目的：利用交互式填充为珍珠上色

2. 具体画法步骤

（1）绘制珍珠基本形，并填充三层底色：

①绘制一个圆，利用工具箱【填充工具】 ◇——【渐变填充】—【辐射】自定义珍珠第一层底色，颜色在"其他"中选择"RGB"模型进行填充，见图2-7-3。

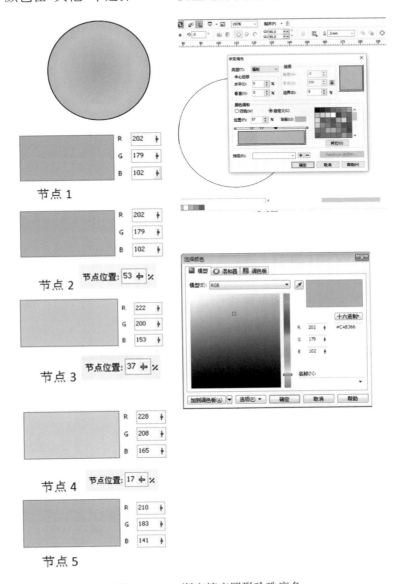

图2-7-3 渐变填充圆形珍珠底色

从左到右 RGB 五组颜色分别为：202，179，102；202，179，102；222，200，153；228，208，165；210，183，141。

渐变颜色具体的设置方法可以查看本章第二节圆形刻面宝石的操作。

②绘制珍珠第二层底色（可根据需要适当增加多个底色层），点击工具箱【均匀填

充】，设置 RGB 颜色值为 255，193，142，见图 2 – 7 – 4。

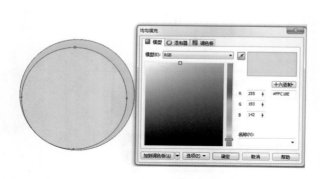

图 2 – 7 – 4　均匀填充圆形珍珠第二层底色

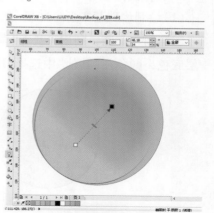

图 2 – 7 – 5　添加透明度

点击工具箱【调和工具】—【透明度】，为这个圆形珍珠调整透明度，透明度模式为"线性"，角度和边界值可以根据绘制的圆调整，本案例中使用的数值是"48.18 和 34"，见图 2 – 7 – 5。

③原地复制一个大圆，在选中状态下，按住 Shift 键使其向内收缩，利用工具箱【交互式填充工具】在新出现的第三个圆上绘制珍珠第三层底色：填充模式选择"辐射"，颜色在"更多"下产生的 RGB 颜色模式中设置三组颜色：223，201，146；219，195，131（节点位置 33%）；199，175，113，见图 2 – 7 – 6。

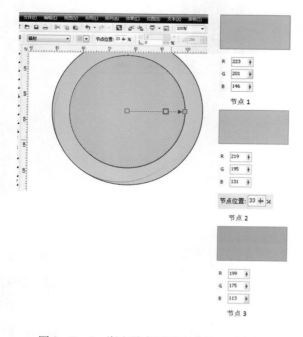

图 2 – 7 – 6　渐变填充圆形珍珠第三层底色

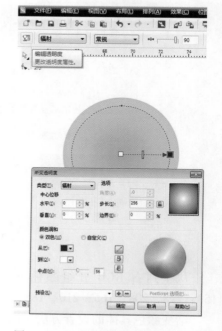

图 2 – 7 – 7　添加第三层底色透明度

点击工具箱【调和工具】—【透明度】，为第三个圆添加底色透明度，在属性栏中点击"编辑透明度"，出现对话框，见图2－7－7；在对话框中设置透明中心点的位置是从黑色到白色，也就是从圆心到四周是从不透明到透明的状态，将距离中心的位置设置为"56"。

将三个圆的轮廓线改为"无色"。

（2）制作珍珠高光：

①绘制大小两个高光形状，见图2－7－8；为大高光均匀填充RGB为"219，195，135"的颜色，见图2－7－9。

图2－7－8　绘制大小两个高光　图2－7－9　为大高光填充颜色　图2－7－10　为小高光填充颜色

②为小高光均匀填充RGB为"255，252，234"的颜色，见图2－7－10。

③点击"编辑透明度"，为大小两个高光分别设置透明度，注意要改成从不透明到透明的模式，见图2－7－11。

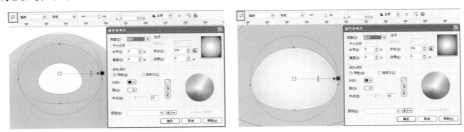

图2－7－11　设置大小两个高光的透明度为辐射渐变

④使用工具箱内【调和工具】连接大小两个高光，修改轮廓线为"无"，见图2－7－12。

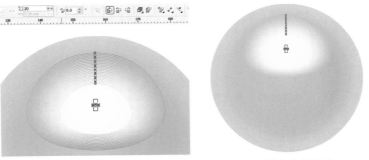

图2－7－12　用【调和工具】连接两个高光，并去除轮廓线

（3）用同样的方法制作珍珠反光：

①绘制大、小反光的形状，见图 2 - 7 - 13。

图 2 - 7 - 13 绘制 2 个
反光

图 2 - 7 - 14 设置大反光颜色

图 2 - 7 - 15 设置大反光的透明度

②设置大反光的填充颜色 RGB 值为 219，196，134，见图 2 - 7 - 14；设置大反光的透明度为"辐射"填充模式，修改透明度从不透明到透明，见图 2 - 7 - 15。

③设置小反光的填充颜色 RGB 值为 253，249，230，见图 2 - 7 - 16；设置小反光的透明度为"辐射"填充模式，修改透明度从不透明到透明，见图 2 - 7 - 17。

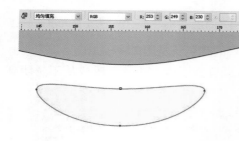

图 2 - 7 - 16 设置小反光颜色

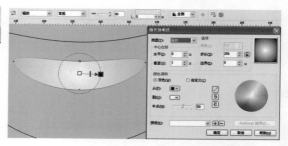

图 2 - 7 - 17 设置小反光的透明度

④使用工具箱内【调和工具】 连接两个反光图形，见图 2 - 7 - 18；选中调和群组，修改轮廓线为"无"，见图 2 - 7 - 19。

图 2 - 7 - 18 调和工具连接两个反光图形

图 2 - 7 - 19 去除所有轮廓线

（4）制作珍珠明暗交界线：

①绘制珍珠左侧交界线大小阴影各一个，调整颜色透明度后进行调和渐变，见图

2－7－20 至图 2－7－22。

注意：珍珠交界线的造型可以使用【手绘】＋【形状调节工具】经过调整得到，也可以使用【造型修剪工具】修剪再调整后得到，设计者可以使用自己熟悉的方式进行调整。

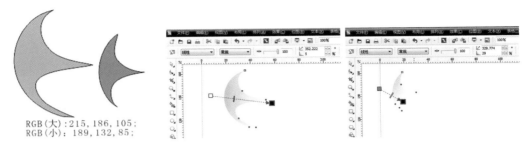

RGB(大)：215，186，105；
RGB(小)：189，132，85；

图 2－7－20　绘制大小阴影　　　　图 2－7－21　调整大小阴影透明度

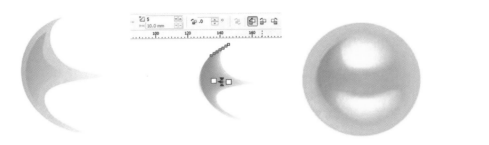

图 2－7－22　调整大小阴影位置并进行调和

②绘制珍珠右侧交界线阴影一个，均匀填充后设置线性透明度，见图 2－7－23。

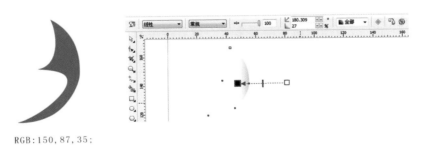

RGB：150，87，35；

图 2－7－23　绘制右侧交界线阴影并调整线性透明度

③将右侧交界线阴影调整到珍珠合适的位置，完成珍珠的绘制，见图 2－7－24。

图 2－7－24　珍珠绘制完成效果

2.8 葡萄石绘图

2.8.1 知识准备

葡萄石是一种硅酸盐矿物，它们通常出现在火成岩的空洞中，有时在钟乳石上也可以见到。葡萄石从透明到半透明，是一种隐晶质的宝石。它们的形状可以是板状、片状、葡萄状、肾状、放射状或块状集合体等。优质的葡萄石会产生类似玻璃种翡翠一般的"荧光"，非常美丽。葡萄石的颜色从浅绿到灰色，常见的有深绿－绿灰绿－绿，绿－黄绿－黄绿－黄，无色等，还有白、黄、红等色调的，偶见有灰色的。但总体来说绿色调为葡萄石的主色调，见图2－8－1、图2－8－2。

图2－8－1 葡萄石，绿色　　　　　　　　图2－8－2 葡萄石，黄绿色

本节选择葡萄石作为讲授对象，主要是考虑到此类宝石半透明的透明度，玻璃光泽以及经常被加工成蛋面的造型与很多宝石或者半宝石类似，如水晶、芙蓉石、蛋白石等。掌握一种宝石的画法及上色技巧，多加练习，就可以做到触类旁通。

2.8.2 绘图

1. 绘图思路

（1）利用【网状填充工具】对所绘制的宝石进行局部精确颜色填充。

（2）在填充颜色时，考虑三大面五大调子的基本绘画规律；上色可以依据水彩由浅入深的色调进行调整。

技术点睛：网状填充工具
学习目的：利用【网状填充工具】为宝石进行填色

2. 具体画法步骤

（1）在工具箱中选择【椭圆形工具】 ，绘制出一个椭圆，见图2－8－3。

（2）在工具箱中选择【网状填充工具】，这时矩形中会按预设的"网格大小"数值自动生成2×2的网格，见图2－8－4。

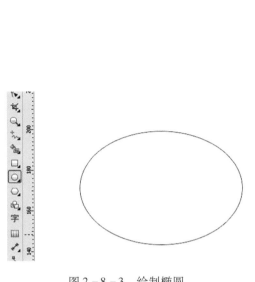

图 2 - 8 - 3　绘制椭圆

图 2 - 8 - 4　在椭圆上使用【网状填充工具】

（3）在工具箱中选择【形状工具】调整椭圆的曲率，将预设网格值改为"5 × 6"，见图 2 - 8 - 5。

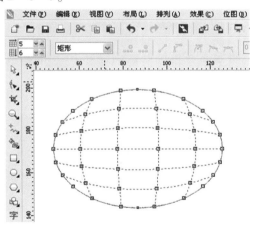

图 2 - 8 - 5　网格值改为 5 × 6

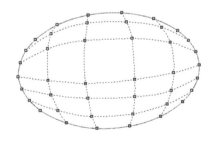

图 2 - 8 - 6　网格线调整到透视状态

（4）考虑到宝石的厚度会因为近大远小产生透视，将网格线和控制点进行微调，调整节点或者曲线宝石的厚度都可以产生变化，具体操作类似于贝塞尔曲线调整。由于宝石是弧线造型，调整时注意尽量使网格线顺滑，见图 2 - 8 - 6。

（5）单击空格键，使宝石回到选择状态，对其进行角度的微调，见图 2 - 8 - 7。

（6）网格线基本成形，选中所有网格节点，点击属性栏上的平滑节点按钮，使能改变属性的节点都成为平滑节点（4 个关键点的节点属性是无法改变的），并调整它们的位置和形状，为随后增加网格线打好基础，调整后的情形如图 2 - 8 - 8 所示。

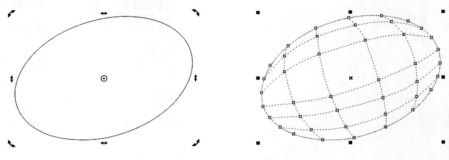

图 2 - 8 - 7　调整宝石角度

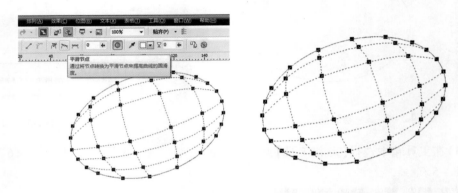

图 2 - 8 - 8　调整节点，使控制线尽量平滑顺畅

（7）拖动鼠标，全选椭圆上的关键节点，将宝石底色铺好；调整好 RGB 的相应数值后，可以将这个颜色加到"调色板"，方便后面直接调用，见图 2 - 8 - 9。

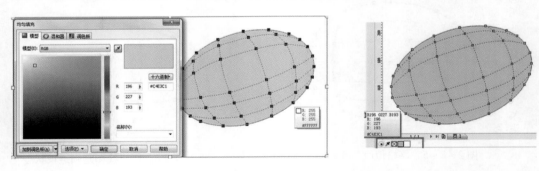

图 2 - 8 - 9　为宝石设置底色，将此色添加到"调色板"

（8）选中如下 13 个节点，均匀填充颜色，RGB 数值为 114，145，127，形成一条深色的明暗交界线，效果见图 2 - 8 - 10。注意将这个颜色加到"调色板"，方便后面直接调用。

（9）在红色定位点所示的方格内部点击鼠标进行定位，均匀填充颜色，RGB 数值为 32，52，41，此处为宝石的明暗交界地带，见图 2 - 8 - 11。

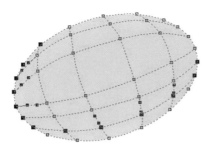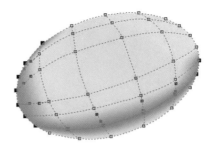

图 2 - 8 - 10   选中 13 个节点，形成交界线色带

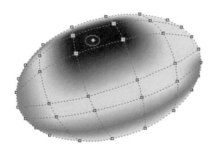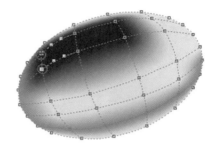

图 2 - 8 - 11   在三处红色标记的位置填充 RGB 颜色，值为 32，52，41

（10）在红色定位点所示的节点，均匀填充颜色 RGB 数值为 93，125，101，作为交界线的过渡地带，见图 2 - 8 - 12。

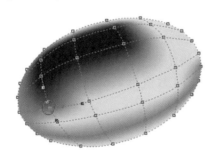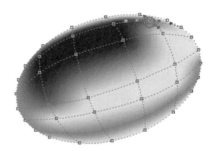

图 2 - 8 - 12   在两处红色标记的位置填充 RGB 值为 93，125，101 的颜色

（11）在红色定位点所示的节点，均匀填充 RGB 值为 46，73，58 的颜色，作为交界线的过渡地带。特别需要注意的是，交叉点的控制柄的长短对着色的平滑度起关键作用，如果控制柄很短，则颜色渐变会显得生硬。可以将控制柄的长度伸长，强化过渡效果，见图 2 - 8 - 13。

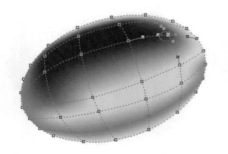

图 2 - 8 - 13　在红色标记的位置填充 RGB 值为 46, 73, 58 的颜色

（12）在红色定位点所示的节点，均匀填充 RGB 值为 162, 183, 142 的颜色，见图 2 - 8 - 14。

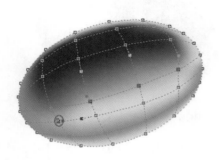
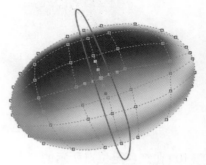

图 2 - 8 - 14　在红色标记的位置填充 RGB 值　　　图 2 - 8 - 15　增加一条控制线
　　　　　为 162, 183, 142 的颜色

（13）此时，大致基调已经基本完成，可以再增加一些控制节点和网格线来增加细节，在宝石的中部双击鼠标，增加一条网格控制线，见图 2 - 8 - 15。

（14）在红色定位点所示的节点，均匀填充 RGB 数值为 226, 238, 198 的颜色；调节节点控制杆使亮色面积增大，见图 2 - 8 - 16。

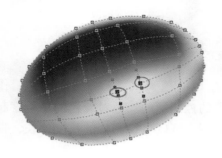
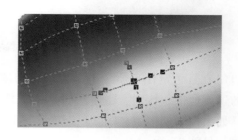

图 2 - 8 - 16　在红色标记的位置填充 RGB 值为 226, 238, 198 的颜色，调节亮色面积

（15）总体观察宝石，可以对各个节点的位置以及控制点的控制杆进行调整，使整体效果更加协调；选中宝石，点击工具箱【阴影工具】为其添加一个阴影；调节阴影的各项参数值，直到满意为止，见图 2 - 8 - 17。

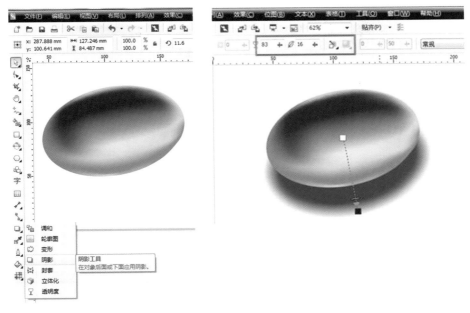

图 2 - 8 - 17　为宝石添加阴影

（16）制作高光：

①利用【贝塞尔工具】绘制一个月牙形的图形，并将其缩小复制一个，将其填充为白色，见图 2 - 8 - 18。选择【工具箱】中【透明工具】选择"属性—标准"将大月牙的透明度调整到 89，小月牙的透明度调整到 82。注意，大小月牙的节点数量一定要相同，所以画完大月牙之后缩小复制得到小月牙最为简单并且准确，否则会影响后续的交互式操作。

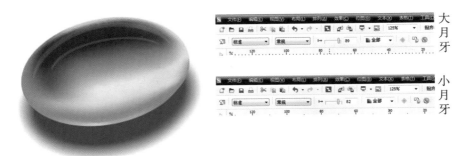

图 2 - 8 - 18　两个透明度不同的月牙形状

②将两个月牙设置为无轮廓；将小月牙调整到大月牙的内部。可以使用【形状调节工具】适当调整其角度和形状，见图 2 - 8 - 19。

图 2 - 8 - 19　把小月牙调整到大月牙内部，并适当调整其形状

③选中小月牙，点击工具箱中【调和工具】，从小月牙向大月牙拖动鼠标，生成一个交互式调和组，形成透明高光效果，在属性栏"调和对象"设置调和参数为 4，使其看起来更加柔和逼真，见图 2 - 8 - 20。

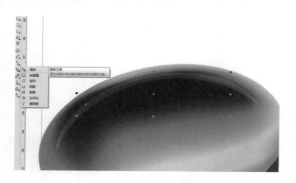
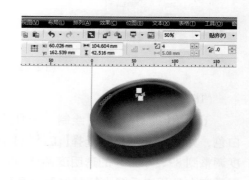

图 2 - 8 - 20　月牙形高光调和

④用同样的方法绘制出蛋面中心的高光，见图 2 - 8 - 21。

图 2 - 8 - 21　绘制蛋面高光

图 2 - 8 - 22　设置大小高光透明度，复制一个小高光

大小高光两个形状填充白色，轮廓线设置为无；将小高光复制一个备用，见图 2 - 8 - 22。

设置大小高光透明度为 89 和 90；从小高光向大高光进行交互式调和，调整参数，见图 2 - 8 - 23。

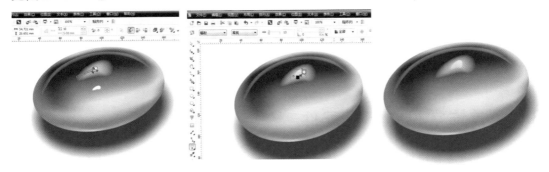

图 2 - 8 - 23　对大小高光进行调和，设置参数　　　　图 2 - 8 - 24　最终效果

调整备用小高光透明度后，移动到高光最亮处，见图 2 - 8 - 24。注意：这一个步骤只针对具有玻璃光泽的宝石使用，如果宝石的玻璃光泽感不是很强，可以省略附加小高光的添加。

小结：

本章讲授了如何绘制几种常见的宝石，绘制时要遵循的基本规律，绘制的宝石要有三大面，即"亮、灰、暗"，也要有交界线和反光；在高光的设置上，不同的宝石品种会产生不同的效果，一般质地坚硬的宝石如红蓝宝石、翡翠，高光形状明确且完整，用白色填充即可；而硬度较低的宝石，如绿松石、珊瑚、珍珠，高光形状则会有一定的发散，一般在绘制时可以设置几个透明图层，一层层缩小高光形状并进行重叠摆放，则会出现一种柔和过渡的效果。

下面的宝石都是使用该软件绘制上色的样例，大家在后面的练习中可以举一反三，多加练习，绘制出更加丰富的宝石。

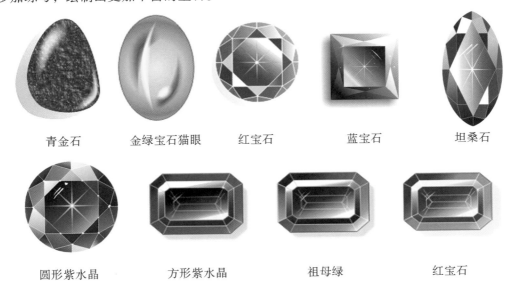

青金石　　　　金绿宝石猫眼　　　　红宝石　　　　蓝宝石　　　　坦桑石

圆形紫水晶　　　　方形紫水晶　　　　祖母绿　　　　红宝石

3 首饰结构画法应用实例

3.1 首饰常见扣环类配件

首饰的组成有很多部分，如项链的扣头，链子，戒指的戒托、镶爪、镶口等部位。这些部分虽然不是绘图表现的最主要部分，但是在设计中如果缺少必要的表现，则会造成设计表述的不完整。

本章主要介绍这些配件的结构画法及基本上色方法，其中涉及软件中【形状工具】、【形状调整工具】、"造型面板"【交互式填充】等工具的运用。

3.1.1 龙虾扣画法

龙虾扣是首饰中常见的一种配件，常用于项链、手链或者脚链的首尾连接处，也可以用在钥匙扣或者手机饰品的连接上。其形状酷似龙虾的钳子，因而得名。首饰行业中使用的龙虾扣的造型多种多样，可以根据其基本功能进行形状上的简单变化。常见的造型如图 3 - 1 - 1 所示。

图 3 - 1 - 1　不同形状的龙虾扣

1. 绘图思路

①绘制出所需基本形状——正圆、直线和矩形，利用【形状调节工具】进行调整；

②将调整好的形状进行修剪，进一步得到需要的造型；

③居中对齐需要的部件，并进行群组。

技术点睛：造型面板操作（修剪），轮廓工具，垂直居中对齐快捷操作（C），形状工具，辅助键 Ctrl

学习目的：学会龙虾扣的绘制

2. 具体画法步骤

(1)选择工具箱中【椭圆形工具】，按住 Ctrl 键绘制一个正圆；在该图形被选中状态下，鼠标右键点击正圆，将其转换为曲线，见图 3 – 1 – 2。

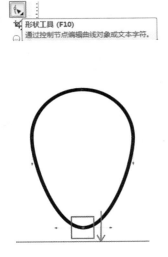

图 3 – 1 – 2　将正圆转换为曲线　　　　图 3 – 1 – 3　用【形状工具】调整

(2)选择工具箱内【形状工具】，按住 Ctrl 键，用鼠标点住方框中的节点，向下移动至合适位置(距离约为正圆的半径)，见图 3 – 1 – 3。

(3)绘制合适大小的正圆，并将其放置在合适的位置；同时选中这两个图形，使用快捷键 C，使它们垂直中心对齐，见图 3 – 1 – 4。

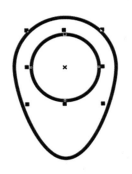

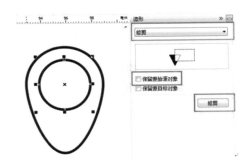

图 3 – 1 – 4　摆放合适两个图形　　　图 3 – 1 – 5　使用"造型 – 修剪"命令

(4)选择正圆，点击菜单栏"窗口—泊坞窗—造型"命令，在软件右侧出现"造型命令"窗口，在"造型"命令下选择"修剪"下拉选项，不勾选"保留原始源对象"，见图 3 – 1 – 5；点击修剪正圆外围倒水滴形状，得到 3 – 1 – 6 中的图形。注意：点击的顺序是先小圆再外围的水滴形。

(5)单击工具箱中的【手绘工具】，绘制如图 3 – 1 – 7 所示的三条曲线；并使用【形状工具】对其进行曲率的调整，见图 3 – 1 – 8。

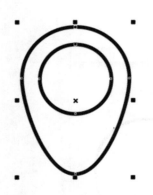

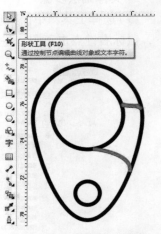

图 3 – 1 – 6　修剪后的形状　　　图 3 – 1 – 7　绘制 3 条曲线　　　图 3 – 1 – 8　调整曲线形状

（6）点击工具箱中的【矩形工具】绘制长方形后，选择【形状工具】调整长方形节点位置，见图 3 – 1 – 9。

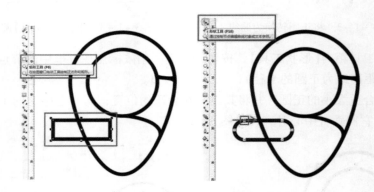

图 3 – 1 – 9　建立一个圆角矩形

（7）旋转矩形并移动到合适位置，选择倒水滴图形，使用"修剪"命令修剪圆角矩形，得到图 3 – 1 – 10 所示形状。

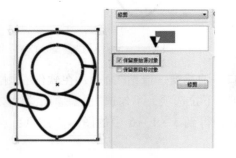
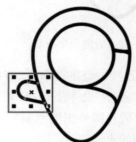

图 3 – 1 – 10　制作完成的活动扣

（8）绘制其余部件，并放至合适位置完成绘制。绘制后可使用"排列—对齐和分布—垂直居中对齐"命令进行调整；选择所有图形进行群组，见图3－1－11。

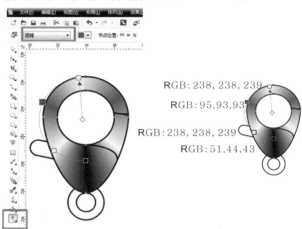

图3－1－11　绘制剩余部件，并摆放　　图3－1－12　利用【交互式填充工具】填充龙虾扣的主体
　　　　　　　　至合适位置完成绘制

（9）选中龙虾扣主体部分，点击工具箱中【交互式填充工具】后，在属性栏中设置填充形式为"圆锥"，拖动鼠标为龙虾扣主体填色；在半圆的弧线上双击鼠标，添加两个颜色编辑点，从上到下四个节点的RGB颜色是：238，238，239；95，93，93；238，238，239；51，44，43，见图3－1－12。

（10）点击工具箱中【智能填充工具】后，点击蓝色区域的任意部位，使其独立形成一个造型，见图3－1－13。

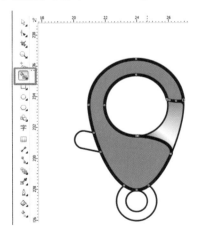

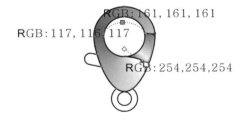

图3－1－13　智能填充部分颜色　　　　图3－1－14　对这个部分进行颜色调整

（11）再次利用【交互式填充工具】中的"圆锥"模式对这个部分进行上色处理，从上到下四个节点的RGB颜色是：161，161，161；117，116，117；254，254，254，见图3－1－14。

（12）选中开关的拨扣，点击工具箱中的【交互式填充工具】，利用"线性"模式对拨扣进行填充，在填充线上双击，添加颜色控制节点，改变拨扣区域填充的颜色，从上到下四个节点的 RGB 颜色是：95，93，93；194，194，195；254，254，254；51，44，43，见图 3－1－15。

图 3－1－15　对拨扣进行上色　　图 3－1－16　对圆环进行辐射　　图 3－1－17　龙虾扣全貌
　　　　　　　　　　　　　　　　　　　　　颜色填充

（13）选中最下面的圆环，利用【交互式填充工具】中的"辐射"模式，对圆环进行颜色填充；在辐射圆形的半径上双击增加几个颜色控制点，从上到下四个节点的 RGB 颜色是 254，254，254；139，139，140；254，254，254；51，44，43；201，202，202。调整出理想的颜色效果，见图 3－1－16。

（14）绘制辅助环扣，龙虾扣最终完成的效果见图 3－1－17。

3.1.2　瓜子扣画法

瓜子扣是吊坠的常用组成部分，可以用来连接吊坠和项链。这个配件貌似简单，但是在绘图制作时要考虑到形状的对称性，要特别注意在形状调整中关于节点的处理。

1. 绘图思路

①绘制出所需基本形状——正圆，利用【形状调节工具】进行调整；

②将调整好的形状进行上色；绘制需要的交界线造型进行补充。

技术点睛：垂直居中对齐，快捷键 C，形状工具（水平节点反射），辅助键 Shift，微调距离

学习目的：学会瓜子扣的绘制

2. 具体画法步骤

（1）单击工具箱中【椭圆形工具】绘制一个椭圆（这里的椭圆不需要特别精确的长宽比），见图 3－1－18。

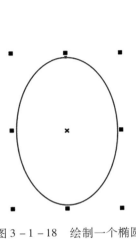

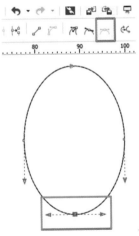

图 3 - 1 - 18　绘制一个椭圆　　　　　　　图 3 - 1 - 19　将其转换为曲线

（2）选中椭圆后，单击右键，选择"转换为曲线"使椭圆性质发生变化（或者使用快捷键"Ctrl + Q"），见图 3 - 1 - 19。

（3）点击工具箱中的【形状工具】对椭圆进行形状调整，见图 3 - 1 - 20；选中最下面的节点，注意这个节点的性质应该是"对称节点"的属性，见图 3 - 1 - 21。

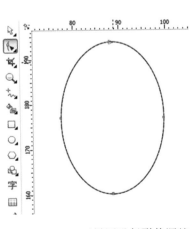

图 3 - 1 - 20　对椭圆进行形状调整　　　　图 3 - 1 - 21　选择节点

（4）按住 Shift 键后（Shift 键的作用主要是保证在移动的过程中能够水平进行），用鼠标点住上一步选择的节点的控制柄，向中心移动，使椭圆的底部变成尖锐的形状，见图 3 - 1 - 22。

图 3-1-22　调节椭圆底部的形状

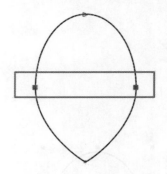

图 3-1-23　框选两个节点

（5）用鼠标框选左右两个节点，见图 3-1-23。

（6）在两个节点被同时选中的状态下，点击属性栏中"水平反射节点"按钮，使得两个节点能够以镜像的方式进行移动，见图 3-1-24。

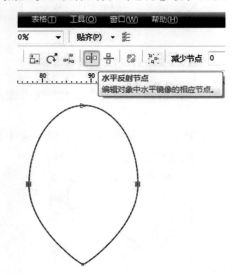

图 3-1-24　设置两个节点的关系
为"水平反射节点"

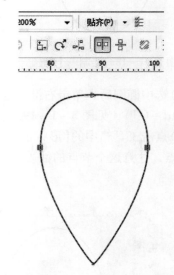

图 3-1-25　调整两个节点的位置

（7）拖动节点向垂直上方移动，改变椭圆的形状，见图 3-1-25。

（8）移动操作完毕后，删除左右两边的节点，使线条更加流畅，见图 3-1-26。

（9）选中最上方的节点，观察其性质为"平滑节点"，见图 3-1-27。

（10）将最上方节点选中后，修改其属性为"对称节点"，以便后续的细化调整，见图 3-1-28。

（11）按住 Shift 键，点击蓝色控制柄向外拖动，寻找最合适的形状后放开鼠标，见图 3-1-29。

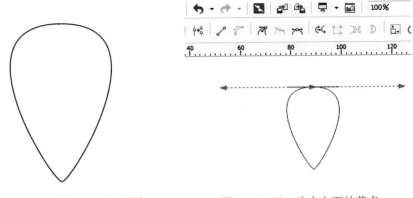

图 3 - 1 - 26　删除左右两个节点　　　　图 3 - 1 - 27　选中上面的节点

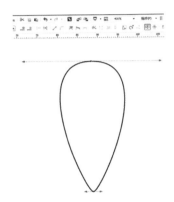

图 3 - 1 - 28　调整上方节点的属性为"对称节点"　　图 3 - 1 - 29　调整上方节点改变
　　　　　　　　　　　　　　　　　　　　　　　　　　　　椭圆上部形状

（12）框选两个节点后，点击属性栏中的"对齐节点"按钮，出现一个对话框，选择"垂直对齐"命令后点击"确定"，保证上下两个节点的垂直对齐，见图 3 - 1 - 30。

图 3 - 1 - 30　垂直对齐上下两个节点　　　　图 3 - 1 - 31　完成瓜子扣基本形状制作

（13）完成瓜子扣基本形状制作，见图 3 - 1 - 31。

（14）利用工具栏中【交互式填充工具】对瓜子扣进行"线性"填充，为了使金属的质感更加逼真，可以在射线上多增加几个颜色控制节点，表现出金属的黑白灰对比关系，见图 3 – 1 – 32。

图 3 – 1 – 32　设置线性填充　　　　　　　　　图 3 – 1 – 33　绘制交界线

（15）利用【手绘工具】和【形状工具】绘制调整出一个黑色的月牙形状，填充黑色作为瓜子扣的交界线，摆放在金属扣弧度最大的位置，见图 3 – 1 – 33。

（16）选中月牙形黑色交界线后，利用工具箱中的【透明度工具】对其进行透明处理，见图 3 – 1 – 34。

（17）再次调整倒水滴外形的渐变颜色，注意瓜子扣整体的黑白灰关系的统一协调，见图 3 – 1 – 35。

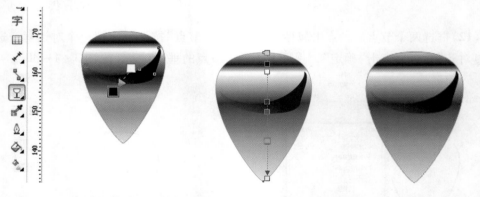

图 3 – 1 – 34　对交界线设置透明度　　图 3 – 1 – 35　调整颜色　　图 3 – 1 – 36　最终完成效果

（18）最终完成效果见图 3 – 1 – 36。

3.1.3　T 形扣画法

T 形扣是手链、项链的常见部件，它由分别位于链条两端的一个金属环和一段长于这个金属环的金属棒组成，如图 3-1-37 所示。这个配件的绘制方法比较简单，但是在绘图中要特别注意节点精确调整的处理方法。

图 3-1-37　T 形扣的组成部分

1. 绘图思路

①绘制出所需的基本形状——长方形，利用【形状调节工具】进行尖头的倒角调整；

②在两个节点之间利用自动添加节点的功能，新增左右对称的节点；

③对需要进行左右对称的节点进行"水平节点反射"操作；

④对绘制好的形状进行颜色填充处理；

⑤利用【修剪造型工具】对形状进行处理，使金属环形成穿插效果。

技术点睛：形状调节工具（在线段中间增加节点），形状调节工具（节点左右、上下镜像移动），修剪工具，智能填充工具

学习目的：学会使用节点对称调节的方式绘制 T 形扣

2. 具体画法步骤

（1）创建一个长方形（参考尺寸为 5mm×25mm），见图 3-1-38。

（2）对长方形四个顶角进行圆角处理，点击属性栏的"圆角"按钮后，在输入框输入 0.5，见图 3-1-39。

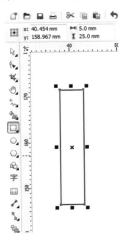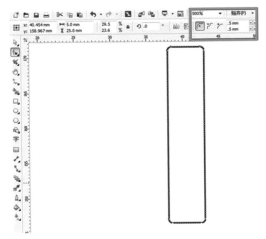

图 3-1-38　创建长方形　　　　　　图 3-1-39　修改长方形边角为圆角

（3）选中长方形后，单击右键，点选"转换为曲线"（也可以用快捷键"Ctrl + Q"），将矩形转换为曲线，以便进行后续操作，见图3 – 1 – 40。

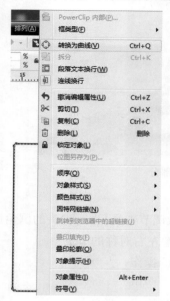

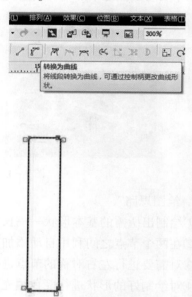

图3 – 1 – 40　将矩形转换为曲线　　　　图3 – 1 – 41　使所有直线转换为曲线

（4）用鼠标框选图形上的所有节点，在属性栏上点击"转换为曲线"按钮，使所有直线转换为曲线，保证原有的曲线可以通过编辑发生弯曲，见图3 – 1 – 41。

（5）在形状工具状态下，点击选中位置1处的节点后，再单击属性栏上的"添加节点"（2号位置处），在3号位置处会自动出现一个节点，这个节点是相邻两个节点的中点。注意，在两个节点中间添加节点时要注意节点生成的顺序，选中后面出现的节点，会在与其相邻的前一个节点中间进行添加，见图3 – 1 – 42。

（6）用同样的方法在另一侧垂直方向的长边上增加一个节点；选中红色圆圈内的节点后，点击属性栏中的"添加节点"按钮，则出现红色方框中的节点，见图3 – 1 – 43。

（7）此时，纵向长边都产生了一个中点，见图3 – 1 – 44。

（8）用同样的方法在顶端和底端的水平边上增加两个中点，见图3 – 1 – 45。

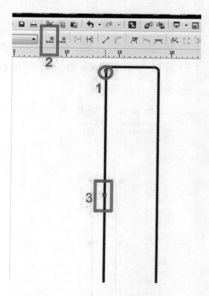

图3 – 1 – 42　添加左侧节点

88

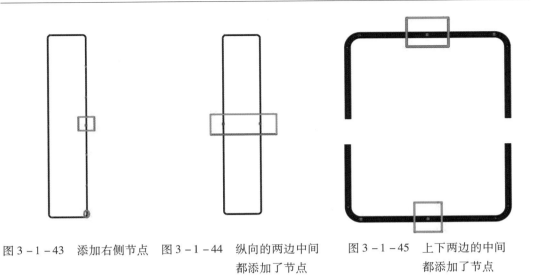

图 3 - 1 - 43　添加右侧节点　图 3 - 1 - 44　纵向的两边中间　图 3 - 1 - 45　上下两边的中间

都添加了节点　　　　　　　都添加了节点

（9）框选两个纵向长边的中点后，点击属性栏上的"水平反射节点"命令，结果见图
3 - 1 - 46。

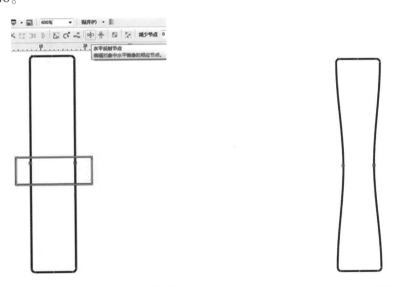

图 3 - 1 - 46　框选两个纵向中点节点　　　　图 3 - 1 - 47　矩形腰部收缩

（10）用鼠标点住任一节点向矩形内水平移动，矩形的"腰部"开始向内收缩，到合
适的位置放开鼠标，见图 3 - 1 - 47。

（11）用鼠标框选上下两边的中点后，点击属性栏"垂直反射节点"按钮，见图 3 - 1
- 48。

（12）用鼠标点住上方的节点向上垂直移动，矩形的首尾开始向两头凸起，到合适
的位置放开鼠标，见图 3 - 1 - 49。

图 3 - 1 - 48　用鼠标框选上下两边的中点　　　图 3 - 1 - 49　用鼠标移动上下边的两个节点

（13）将选中的四个节点删除，效果见图 3 - 1 - 50。

图 3 - 1 - 50　将选中的四个节点删除

（14）选中最下端的节点，在属性栏中点击"对称节点"，将其性质变为对称节点，按住 Ctrl 键（保证水平角度），用鼠标拖动一侧的箭头，使这个节点变得更加圆滑；注意观察最下方状态栏中关于这个节点的信息，保证后续节点的修改长度与之一致，见图 3 - 1 - 51。节点修改后的效果见图 3 - 1 - 52。

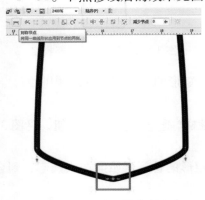
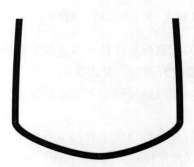

图 3 - 1 - 51　修改节点圆滑度　　　　　　　图 3 - 1 - 52　节点修改后的状态

（15）用同样的方法处理最上方的这个节点。注意在修改节点控制杆时，距离要和下面节点的距离保持一致，见图 3 – 1 – 53。制作完成后的形状见图 3 – 1 – 54。

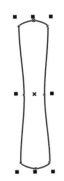

图 3 – 1 – 53　处理上方的节点　　　　　图 3 – 1 – 54　制作完成的形状

（16）选中对象后，单击工具箱【交互式填充工具】，为对象进行"线性填充"，在线性填充的路径上双击，增加颜色控制点后，赋予颜色控制点适合的颜色，见图 3 – 1 – 55。

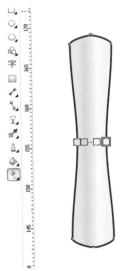

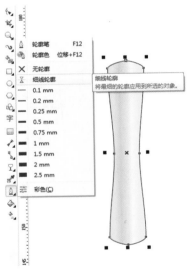

图 3 – 1 – 55　利用【线性填充工具】填色颜色　　　图 3 – 1 – 56　修改轮廓线的粗细

（17）在工具箱中点击【轮廓笔工具】，将物体的轮廓线修改为"细轮廓线"，见图 3 – 1 – 56。

（18）将该造型复制一个，并移动到合适的位置，见图 3 – 1 – 57。

（19）同时选中两个物体，点击属性栏上的"修剪"按钮，去除后面的物体被前面的物体遮挡的部分，见图 3 – 1 – 58。

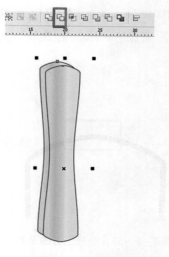

图 3 - 1 - 57　复制一个副本

图 3 - 1 - 58　修剪

（20）得到修剪后的造型作为金属的高光后期使用，见图 3 - 1 - 59。

（21）将光斑缩小一些后摆放在金属相应的位置，由于图层在下方，选中光斑后，用"Shift + PageUp"键将光斑的图层调整到最上面，见图 3 - 1 - 60。

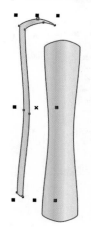

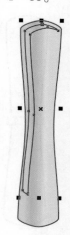

图 3 - 1 - 59　得到光斑的造型

图 3 - 1 - 60　缩小光斑并摆放到合适的位置

（22）选中光斑，填充白色，并将轮廓线设置为无色，见图 3 - 1 - 61。

（23）选中光斑，点击工具箱中【透明度工具】，从上向下拖动鼠标，使光斑的透明度产生渐变，逐渐弱化，见图 3 - 1 - 62。

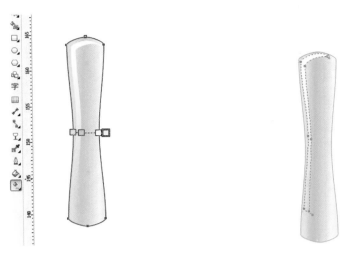

图 3 - 1 - 61　将光斑轮廓线设置为无色　　　图 3 - 1 - 62　改变光斑透明度

（24）光斑调整好之后，可以再次单击工具箱中的【交互式调和工具】，再次调整金属基体各颜色位置，使整体效果更佳，见图 3 - 1 - 63。

（25）选中光斑后，单击工具箱中的【形状工具】（也可以直接点击快捷键 F10），继续对光斑的造型进行细节调整，见图 3 - 1 - 64。

图 3 - 1 - 63　再次调整金属的颜色　　　图 3 - 1 - 64　再次调整光斑的形状

（26）光斑和金属颜色调整完毕后，在调色板上点击红色方框中的三角形，使所有颜色色块展开，见图 3 - 1 - 65。

（27）选中金属条后，右键单击调色板上 CMYK 数值为 0，0，60，20 的色块，使金属条的边缘线颜色发生改变。至此，T 形扣的一端结构完成，见图 3 - 1 - 66。

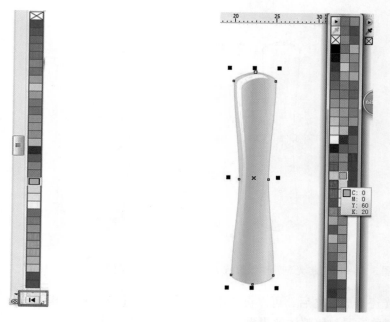

图 3 – 1 – 65　调出颜色拓展栏　　图 3 – 1 – 66　对金属边缘线颜色进行设置

（28）绘制一个 9.0mm × 2.0mm 的长方形，修改其边角为圆角，圆角半径为 1mm；点击小键盘上的"＋"，在原地复制一个圆角长方形的副本，见图 3 – 1 – 67。

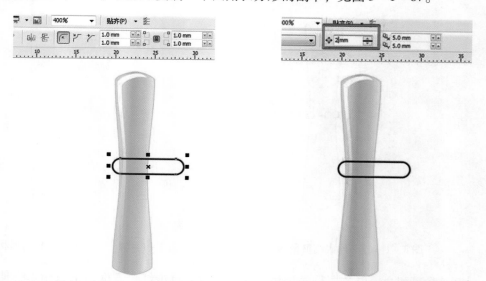

图 3 – 1 – 67　新建一个圆角长方形并复制一个副本　图 3 – 1 – 68　设置微调距离等于矩形的高度

（29）在不选择任何物体的前提下，单击页面空白处，在属性栏的"微调距离"中输入 2mm，也就是新建长方形的高度，见图 3 – 1 – 68。

（30）选中任一圆角长方形后，点击键盘上的方向键"↓"，使得圆角长方形向下移动一个设定好的距离，即 2.0mm，见图 3 – 1 – 69。

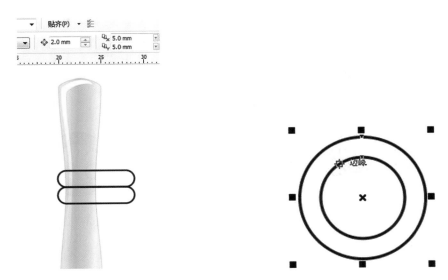

图 3 - 1 - 69　使圆角矩形的副本下移 2mm　　　　图 3 - 1 - 70　新建两个同心正圆

（31）新建两个正圆，直径分别是 9mm 和 6mm，同时选中后，用快捷键 C（垂直中心对齐）和 E（水平中心对齐）进行调整，见图 3 - 1 - 70。

（32）点击工具箱中的【智能填充工具】，在圆环的位置上点击一下，即可出现一个新的填充颜色的圆环，见图 3 - 1 - 71。

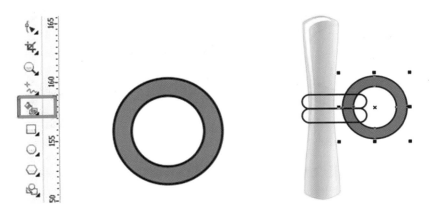

图 3 - 1 - 71　智能填充后的圆环　　　　图 3 - 1 - 72　摆放并调整圆环图层

（33）将圆环摆放到合适的位置后，利用快捷键"Shift + PageDn"将其顺序调整到最后一层，见图 3 - 1 - 72。

（34）选中第一个圆角矩形后，单击工具箱中【交互式填充工具】对其进行线性填充，见图 3 - 1 - 73。

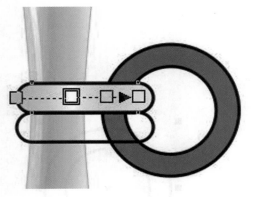

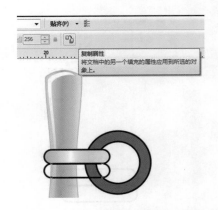

图 3 – 1 – 73　填充第一个圆角矩形　　　　图 3 – 1 – 74　准备复制填充属性

（35）选择第二个未填充颜色的圆角矩形，再次点击工具箱中【交互式填充工具】，在上方属性栏中会出现一个"复制属性"按钮。单击这个按钮，鼠标变成黑色粗箭头，单击已经填充好颜色的圆角矩形，见图 3 – 1 – 74。

（36）单击完成后，下面的矩形会自动填充与上面矩形一样的线性渐变色，见图 3 – 1 – 75。

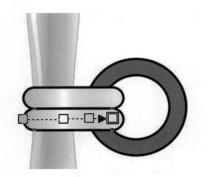

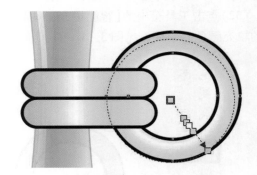

图 3 – 1 – 75　复制颜色　　　　　　　图 3 – 1 – 76　对圆环填充颜色

（37）选中圆环，利用【交互式填充工具】中的"辐射"模式，对圆环进行颜色填充。在辐射圆形的半径上双击增加几个颜色控制点，调整出理想的颜色效果，见图 3 – 1 – 76。

（38）选中三个新建造型，将边缘线改为"细线轮廓"，并调整颜色为褐黄色，并复制出一个副本，见图 3 – 1 – 77。

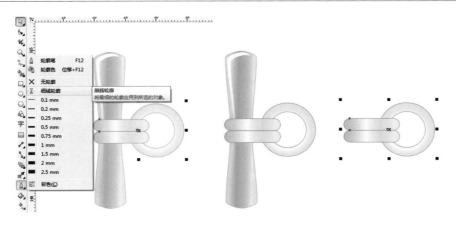

图 3 - 1 - 77　调整轮廓线粗细及颜色

（39）同时选中两个圆角矩形后向右拖动到合适的位置后点击鼠标右键，移动复制出一个副本；并利用"Ctrl + G"组合键对这个副本进行群组，见图 3 - 1 - 78。

图 3 - 1 - 78　移动复制出一个副本并群组

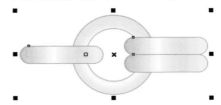

图 3 - 1 - 79　保留左边的一个圆角矩形，
进行水平中心对齐

（40）删除左边的一个圆角矩形后，同时选中 4 个造型，利用快捷键 E 进行水平中心对齐，见图 3 - 1 - 79。

（41）选中圆环，向右拖动到合适位置后点击鼠标右键，移动复制出一个等大的圆环，在移动的过程中可以用 Ctrl 键辅助，保证移动的方向是水平的，见图 3 - 1 - 80。

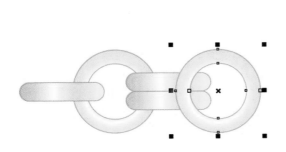

图 3 - 1 - 80　移动复制一个圆环

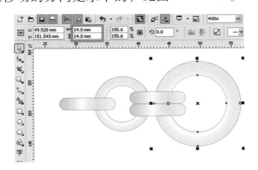

图 3 - 1 - 81　改变圆环的大小

（42）将圆环的大小调整到 14mm，这个数值是根据金属棒的长度计算得来的。金属棒的长度（26mm）应该为圆环内径的 1.5 ～ 2 倍，否则在佩戴时容易脱落。调整大圆环的图层顺序在最下面，见图 3 – 1 – 81。

（43）将所有物件按照图 3 – 1 – 82 所示方式摆放好。

（44）将选中的两个圆角矩形进行群组，见图 3 – 1 – 83。

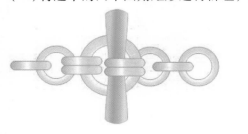

图 3 – 1 – 82　摆放好所有物件

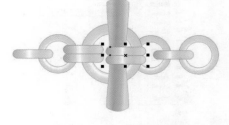

图 3 – 1 – 83　群组两个圆角矩形

（45）单击"窗口—泊坞窗—造型"，调出造型命令面板。选中最大的圆环后，在右侧造型命令下拉菜单中点击"修剪"命令，勾选"保留原始对象"复选框后，点击"修剪"按钮，见图 3 – 1 – 84。

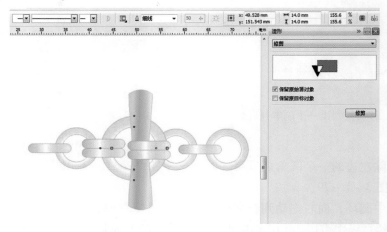

图 3 – 1 – 84　调出造型面板，调整参数

（46）用鼠标点击刚刚进行群组的两个圆角矩形，形成图 3 – 1 – 85 所示的效果。至此，所有制作完成。

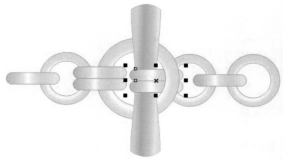

图 3 – 1 – 85　对大圆环和右侧的一组圆角矩形进行修剪

3.2　项链画法

　　首饰链子有不同的材质和与之相匹配的工艺，市场上以 K 金项链为主流。一般 K 金项链都包含链身、龙虾扣、挂牌以及挂扣几个主要组成部分，见图 3－2－1。其中以链身的变化为多，一般也是以链身来区别项链的款式。在市场中常见的项链款式有：

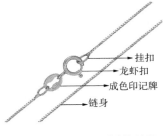

图 3－2－1　K 金项链的结构

图 3－2－2　O 字链

　　(1)O 字链。因由多个 O 形项圈组成，故得名"O 字链"。这个款式的项链简约时尚、结实牢固，可搭配不同款式的吊坠，而且方便修理，见图 3－2－2。

　　(2)瓦片链。瓦片链单个部件外形似瓦片，故得名"瓦片链"。这个款式的项链显大且重量适中，但是牢固度欠佳，不是挂吊坠的最佳选择。有多种款式，包括车花双瓦片链、米字花瓦片链等，见图 3－2－3、图 3－2－4。

图 3－2－3　瓦片链

图 3－2－4　车花双瓦片链

　　(3)肖邦链。这种链子起源于意大利，是机织链的一种，它的特点是光泽度好，立体感强，结实牢固，见图 3－2－5。

图 3－2－5　肖邦链

图 3－2－6　蛇骨链

（4）蛇骨链。这是机织链的一种，外形如蛇身一样光滑，显丝绢光泽，萦绕颈间熠熠夺目，用来挂吊坠，上身效果很好，见图 3 - 2 - 6。

（5）盒仔链。整个部件外形像小盒子，故得名"盒仔链"。这种链节中心是空心的，因而重量不是很重。牢固度好，比较适合挂吊坠。

（6）瓜子链。因单个造型像瓜子而得名。它是机织链的一种，造型流畅，结实可靠，适合挂吊坠。

（7）水波链。这种链片反光面较多，因此很闪亮，呈螺旋状扭在一起，故而会越戴越长。

图 3 - 2 - 7 中展示了盒仔链、瓜子链、元宝链、扭片链、水波链几种常见的链条的造型。

项链长度以整条链子打开拉平后进行计算，一般以 40cm、42cm、45cm 最为常见。一般女生则是以 16 ～ 17 英寸为主，男生则是以 17 ～ 19 英寸为主。1 英寸 = 2.54cm。

图 3 - 2 - 7　盒仔链，瓜子链，元宝链，扭片链，水波链

图 3 - 2 - 8 中展示了不同长度的链子在人体佩戴的效果。

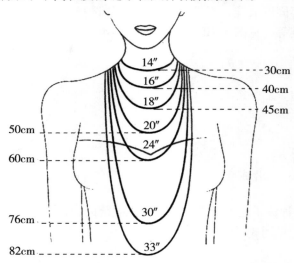

图 3 - 2 - 8　不同长度链子与人体结构配搭位置关系
（注："表示英寸）

在使用 CorelDRAW 绘制链子时，一般直接绘制金属链完全展开的状态，不展示透视效果，以便于将链子的结构表现清晰。在绘图过程中只要绘制出基本的组成单元，将这些单元按照一定的路径，也就是链条的形状进行排列就可以得到我们需要的基本链型。

下面介绍三种常见金属链的画法。

3.2.1 环链画法

1. 绘图思路

①绘制出基本圆环的组合一组，项链路径一条；

②将圆环组摆放在项链路径的某个位置上，进行位置和角度的调整；

③在圆环组间进行复制摆放，改变中心点进行角度的细节调整，直至铺满整个路径；

④在项链两端添加扣头；

⑤绘制延长链。

技术点睛：形状工具，转换为曲线，旋转调整(改变物件中心)。

学习目的：学会利用复制和调整旋转中心的方式制作环链。

2. 具体画法步骤

(1)选择工具箱中【椭圆形工具】，按住 Ctrl 键可以绘制正圆，修改正圆大小为 2.0mm，见图 3 – 2 – 9。

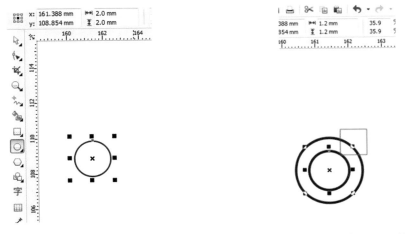

图 3 – 2 – 9　绘制一个正圆　　　　图 3 – 2 – 10　绘制一个 1.2mm 的同心圆

(2)选中正圆，按住 Shift 键，用鼠标拖动红框内节点位置的控制点向内移动，这时大圆会按照原来的圆心向内收缩，到合适的位置后单击鼠标右键(此时不要松开鼠标左键)，这样会得到一个同圆心的较小的正圆，在属性栏输入数值为 1.2mm，见图 3 – 2 – 10。

(3)同时选中两个正圆，点击属性栏中的"移除前面对象"，得到一个圆环，见图 3 – 2 – 11。

(4)绘制一个 0.5 × 2.0mm 的矩形，见图 3 – 2 – 12。

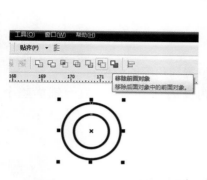

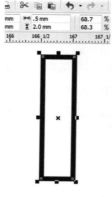

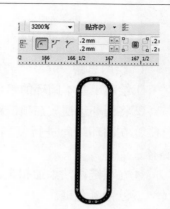

图 3 – 2 – 11　得到圆环　　　　图 3 – 2 – 12　绘制矩形　　　　图 3 – 2 – 13　设置圆角

（5）点击工具箱中【形状工具】，对矩形边角进行"圆角"处理，见图 3 – 2 – 13。

（6）为圆角矩形填充白色后，调整其位置图层在圆环之上，（使用快捷键"Shift + PageUp"可以将图层上移），同时选中两个物体后，点击快捷键 C 使它们垂直居中对齐，使用快捷键"Ctrl + G"对它们进行群组，见图 3 – 2 – 14。

（7）绘制一条曲线作为项链的路径，见图 3 – 2 – 15。

图 3 – 2 – 14　调整两个物体的位置并进行群组　　　　图 3 – 2 – 15　绘制一条曲线

（8）将圆环群组拖动到项链路径上，双击使其进入旋转模式，用鼠标旋转，调整到合适的位置，见图 3 – 2 – 16。

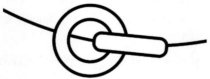

图 3 – 2 – 16　绘制一组圆环组合，调整旋转中心点　　　　图 3 – 2 – 17　改变中心位置

（9）复制一组圆环放置在图 3 – 2 – 17 所示位置，双击鼠标后，拖动其中心移动至与路径重合。

（10）用鼠标点住任一弧线双箭头拖动，使圆环组发生转动，此时的中心像一个图钉一样控制住头部的位置，只允许尾部转动，见图 3 – 2 – 18。

（11）圆环旋转到合适的位置后松开鼠标，见图 3 – 2 – 19。

图 3 – 2 – 18　旋转圆环

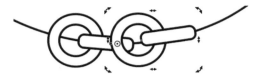

图 3 – 2 – 19　圆环旋转至合适位置松开鼠标

（12）利用快捷键"Ctrl + PageDn"调整这一组圆环的图层顺序，见图 3 – 2 – 20。

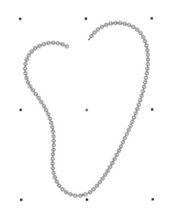

图 3 – 2 – 20　调整图层顺序

图 3 – 2 – 21　圆环组合后的效果

（13）重复上述步骤，完成其余圆环的绘制，全选后进行群组，效果见图 3 – 2 – 21。

（14）将扣头和延长链绘制出来组合到一起，一条完整的环链绘制完成，见图 3 – 2 – 22。注意扣头设置的大小要比普通环略大，扣尾环要和扣头的大小相仿；尾链的延长链一般比主链体上的连环要细小一些。

3.2.2　蛇骨链的画法

1. 绘图思路

①绘制出蛇骨链等长的直线，调整直线的粗细；将较粗的直线转换为对象；

②对蛇骨链进行颜色填充；

③绘制蛇骨链上的一个线条，进行"调和"使其铺满整个蛇骨链；

④添加扣头。

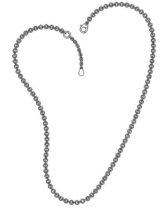

图 3 – 2 – 22　绘制完成

技术点睛：将轮廓转换为对象，调和工具，交互式填充（线性）

学习目的：学会利用调和复制结构线绘制蛇骨链

2. 具体画法步骤

（1）绘制一条直线，长度设置为 160mm，见图 3 - 2 - 23。

（2）选中这条直线后，单击工具箱中【轮廓笔工具】，选择 2.5mm 的轮廓笔，见图 3 - 2 - 24。

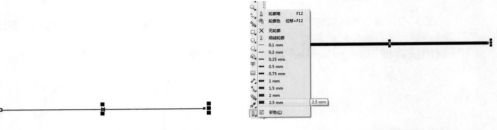

图 3 - 2 - 23　绘制一条 160mm 的直线　　　　图 3 - 2 - 24　设置直线宽度为 2.5mm

（3）选中变粗的直线后，点击菜单栏"排列—将轮廓转换为对象"选项，见图 3 - 2 - 25。

图 3 - 2 - 25　将直线转换为轮廓（矩形）

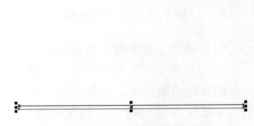

图 3 - 2 - 26　设置矩形颜色

此时，粗直线变成了矩形，将其轮廓设置为黑色，填充色为白色，见图 3 - 2 - 26。

（4）点击工具箱中的【交互式填充工具】为矩形进行"线性"填充，见图 3 - 2 - 27。从上到下节点的 RGB 颜色为：204，230，230，255，179，204，153，230，255，204。因为是灰度颜色，所以 RGB 三个颜色数值一样。

（5）在矩形一端绘制一条曲线作为蛇骨链的螺纹，见图 3 - 2 - 28。将这条曲线复制一条，摆放在矩形的另一端，见图 3 - 2 - 29。

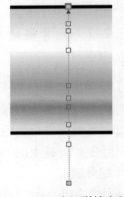

图 3 - 2 - 27　为矩形填充颜色

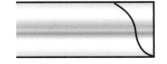

图 3 – 2 – 28　矩形首端绘制一条曲线　　　图 3 – 2 – 29　在矩形尾端复制曲线

（6）单击工具箱中【调和工具】，点击"调和"命令，见图 3 – 2 – 30；用鼠标从左端的曲线向右端的曲线拖动，在两个曲线之间自动生成 130 个副本，如果感觉太密集，可以将数量减少，见图 3 – 2 – 31。

图 3 – 2 – 30　选择调和工具

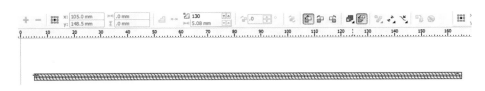

图 3 – 2 – 31　调和生成 130 个副本

（7）框选所有物体，在颜色栏上选择一个灰色，单击鼠标右键对曲线的颜色进行修改，链身效果见图 3 – 2 – 32。

图 3 – 2 – 32　链身效果

（8）将两端的扣头画好，具体画法见本章第一节的介绍，这里请大家注意连接的细节结构，见图 3 – 2 – 33。

图 3 – 2 – 33　链条整体完成效果

3.2.3　珠链画法

金属珠链是由金属珠粒串联而成，图 3 – 2 – 34 所示是不同的珠粒组成的项链及手链。珠链的珠子形状可以是圆形、椭圆形甚至是其他诸如立方体、长方体之类的几何形状，也可以是不规则的形状。这里介绍的画法适用于具有一定规律性的珠子，如果排布的珠子形状有变化，可以将其进行群组，再以组为单位进行复制。

图 3 - 2 - 34　形状不同的珠链

1. 绘图思路

①绘制出所需基本形状——正圆，利用【辐射填充工具】制作一个单独的金属珠粒；

②将填充好的金属珠粒利用【调和工具】调和，增加数量；

③将调和好的金属珠粒投射到已经画好的路径上，并根据路径的具体情况再次调整调和的数量。

> 技术点睛：交互式填充(辐射)；调和工具
>
> 学习目的：学会利用【调和工具】绘制珠链

2. 具体画法步骤

（1）绘制一条项链的基本路径轮廓线；绘制一个 2mm 的正圆作为排布的金属圆珠，并摆放在前面绘制好的路径的一端，见图 3 - 2 - 35。

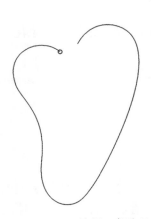

图 3 - 2 - 35　绘制一条路径　　　　图 3 - 2 - 36　利用【交互式填充工具】填色

（2）选中圆形，利用工具箱中的【交互式填充工具】对其进行"辐射"填充，调整辐射填充的首尾颜色为黄色和白色，见图 3 – 2 – 36。

（3）在白色和黄色色块之间的路径上双击鼠标，添加颜色控制点，并将这些颜色控制点设置成与色块相对应的颜色，使圆形形成黄色球状效果，见图 3 – 2 – 37。

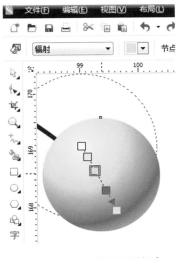

图 3 – 2 – 37　设置金属颜色

图 3 – 2 – 38　复制圆球

（4）选中设置好颜色的黄色小球，拖动到曲线的尾端，见图 3 – 2 – 38。

（5）选择工具箱中的【调和工具】，从左侧的黄色圆形向右端的黄色圆形拖动，出现一个新增的副本，见图 3 – 2 – 39。

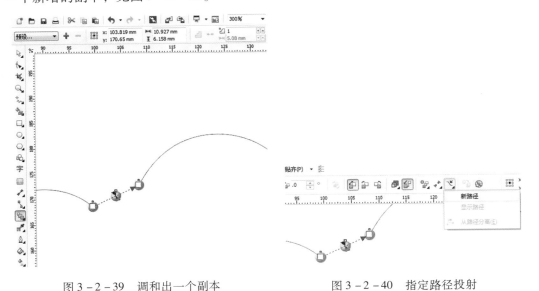

图 3 – 2 – 39　调和出一个副本　　　　　　图 3 – 2 – 40　指定路径投射

（6）点击属性栏"新路径"命令，见图 3 – 2 – 40，待鼠标变成黑色指示箭头后，单击项链曲线，使新增的圆形投射到曲线的中间位置，见图 3 – 2 – 41。

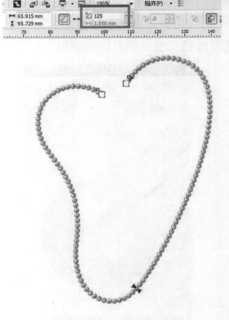

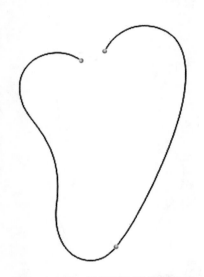

图 3 – 2 – 41　投射副本到指定路径　　　　　图 3 – 2 – 42　修改对象数量，完成排布

　　（7）修改属性栏"调和对象"数量为 125（这里的数量要根据所绘制的物体大小来定），使副本（黄色小球）排布满整条曲线。此时珠链的绘制基本完成，见图 3 – 2 – 42。

4 首饰成品画法

使用 CorelDRAW 来进行首饰绘制的目的是用最短的时间呈现出最好的效果，同时为设计师提供最便利的线条图稿，以便设计师进行不同颜色宝石和金属的配搭。因此在使用软件绘制完线稿后应分析后续的上色表现是用软件方便还是手绘更为快速。

在本章的案例中，为了让大家快速掌握该软件的性能和使用方法，一部分案例会使用软件进行简单上色；还有一部分案例制出线稿打印黑白线稿后直接进入手绘上色的阶段。

4.1 树叶胸针画法

1. 绘图思路

①利用【交互式调和工具】制作出四分之一圆钻围镶的效果；

②绘制围钻的镶爪，利用旋转复制命令进行排列；

③将四分之一圆钻围镶的效果进行左右复制，形成二分之一圆钻围镶的效果；

④将二分之一圆钻围镶上下复制形成全圆围镶的效果；

⑤利用【钢笔工具】绘制出树叶造型，加粗线条转化为形状，调整形状细节，删除多余节点；

⑥绘制树叶叶杆，加粗线条转化为形状，调整形状细节，删除多余节点；

⑦绘制圆形并摆放在合适位置。

技术点睛：交互式调和操作，对称复制操作，图层操作，轮廓笔工具，轮廓线转换图形操作

学习目的：学会一个树叶胸针吊坠的绘制

2. 具体画法步骤

（1）绘制出十字定位线和一个正圆，使其中心对齐，见图 4 - 1 - 1。

（2）将正圆调整为 0°～90° 的圆弧，见图 4 - 1 - 2。

（3）在圆弧首尾设置等大的两个正圆，见图 4 - 1 - 3。

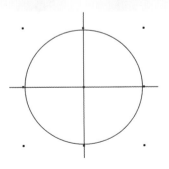

图 4 - 1 - 1　绘制基础定位线和正圆

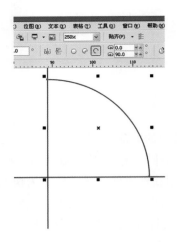

图 4 - 1 - 2　调整正圆为 0°～ 90°弧线

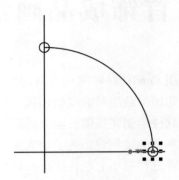

图 4 - 1 - 3　设置两个正圆在圆弧首尾

（4）在工具箱中单击【调和】按钮，选择【调和工具】，见图 4 - 1 - 4。

（5）用鼠标在两个正圆之间点击拖动，使其完成调和后，点击"新路径"，鼠标变成粗箭头后点击四分之一大圆弧，见图 4 - 1 - 5。

（6）小圆按照路径排列，设置路径上小圆的个数，使每个小圆都能够基本相邻且不重叠，见图 4 - 1 - 6。

图 4 - 1 - 4　选择调和工具

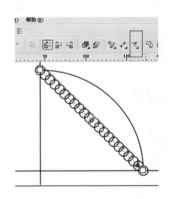

图 4 - 1 - 5　使用"新路径"进行调和

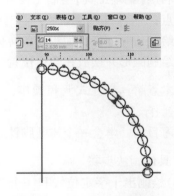

图 4 - 1 - 6　调整调和数量

（7）选中调和后的群组物体后单击鼠标右键，在弹出的对话框中点击"拆分路径群组上的混合"，见图 4 - 1 - 7。

（8）设置大小合适的小圆作为镶爪，手动排列在圆形钻石的两侧，可以使用微调设置进行辅助调整小圆的位置，见图 4 - 1 - 8。

（9）选中路径上所有红色的物体，可以使用 Shift 键进行辅助，见图 4 - 1 - 9。

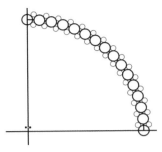
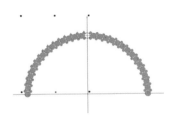

图4-1-7 选择"拆分路径的 群组"的混合

图4-1-8 将钉爪排在适合 的位置

图4-1-9 同时选中红色 的物体

（10）对选中的物体进行左右镜像等比例复制，形成图4-1-10所示的效果。

（11）用 Shift 键辅助同时选中绿色的物体，形成图4-1-11所示的效果。

（12）对选中的物体进行上下镜像复制，用 Ctrl 键辅助向下拖动到合适位置后松开鼠标，形成如图4-1-12所示的效果。此时完成所有外圈排钻和镶爪的制作。

图4-1-10 进行左右镜像复制

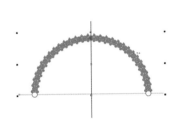

图4-1-11 同时选中绿色的物体

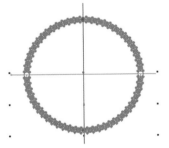

图4-1-12 进行上下镜像复制

（13）删除所有辅助线，恢复所有圆形无色填充、黑色边缘线状态，完成外圈排钻的制作，见图4-1-13。

（14）按 F12 键调出【轮廓笔工具】，对所有圆钻进行整理，设置边缘线为 0.1mm 的宽度，见图4-1-14。

（15）利用【钢笔工具】绘制出一片树叶，见图4-1-15。

图4-1-13 完成外圈排钻制作

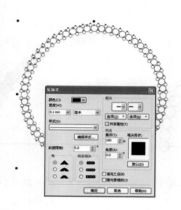

图 4 − 1 − 14　设置所有线条为 0.1mm

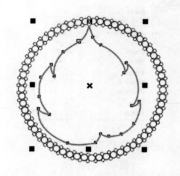

图 4 − 1 − 15　利用钢笔工具绘制出一片树叶

（16）按 F12 键调出【轮廓笔工具】，将树叶边缘线设置为 0.75mm 的宽度（这个宽度的设定要根据绘制胸针的尺寸来调整），将角的设置改为"平角"，见图 4 − 1 − 16。

（17）选中树叶后，点击"排列—将轮廓转换为对象"，将红色粗线条转换为形状，见图 4 − 1 − 17。

（18）将转换为图像的树叶去掉颜色，调整边缘线为黑色，见图 4 − 1 − 18。

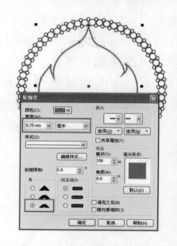

图 4 − 1 − 16　设置树叶两处参数

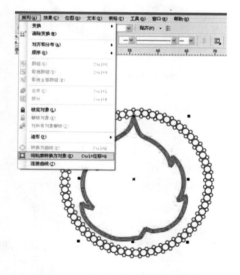

图 4 − 1 − 17　将线条转换为形状

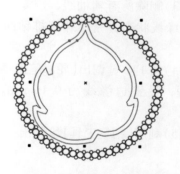

图 4 − 1 − 18　调整树叶边缘线条颜色

（19）利用工具箱【形状调整工具】对树叶边缘进行整理，删除多余的节点，使转折更加尖锐，弧线更加平滑流畅，见图4－1－19。

图4－1－19　整理树叶边缘造型

图4－1－20　绘制出叶柄和珍珠装饰

（20）选择工具箱【椭圆形工具】，绘制出叶柄和三个圆形珍珠进行装饰造型，见图4－1－20。至此树叶胸针的绘制基本完成。

4.2　包镶耳环画法

1. 绘图思路

①利用【轮廓工具】绘制包镶镶口及辅助线；

②绘制四分之一椭圆路径上的圆钻和镶爪；

③利用变换面板中的左右镜像复制、上下复制功能，得到全部圆钻和镶爪；

④利用轮廓工具绘制配件后转换为图形，设置配件尺寸；

⑤利用中心对齐工具将所有配件和宝石主体对齐摆放好；

⑥对所有物件上色。

技术点睛：轮廓工具，拆分工具，调和工具，阴影工具，变换面板（复制）

学习目的：学会一个椭圆包镶宝石耳坠的绘制

2. 具体画法步骤

（1）调取一个绘制好的椭圆宝石，设置宝石大小为15mm×29mm；根据宝石的大小绘制一个1∶1的椭圆作为镶口轮廓。

（2）选取椭圆外形，在工具箱中点击【轮廓工具】，点击椭圆向外拖动鼠标，这时出现一个椭圆的外部轮廓，见图4－2－1；通过工具属性栏修改相应参数——轮廓图步长"1"（表示外轮廓出现一个扩大的副本），轮廓图偏移为"0.5"（表示新出现的椭圆到原始椭圆的距离为0.5）。

（3）鼠标右键单击出现的轮廓箭头，选择"拆分轮廓图群组"，拆分两个椭圆，见图4－2－2。注意，这里用鼠标单击的位置是在新生成的大椭圆和原有椭圆之间的区域，否则不会出现关于轮廓图的相关命令。

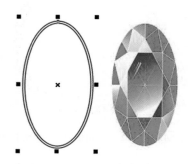

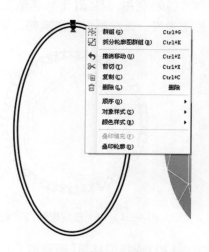

图 4 - 2 - 1　利用轮廓工具得到一个较大的椭圆　　　　图 4 - 2 - 2　拆分两个椭圆

（4）将较大的椭圆（为方便观看改为红色）利用【轮廓工具】处理，设置"步长"为"2"，也就是偏移后产生的两个椭圆；设置"向外偏移"为 1.1mm（也就是产生的椭圆以 1.1mm 的距离向外偏移），见图 4 - 2 - 3。注意，向外偏移 2.2，其间是要摆放 2mm 的圆钻的，这里设置 0.2mm 的余量是要为排放镶爪预留一定的空隙。

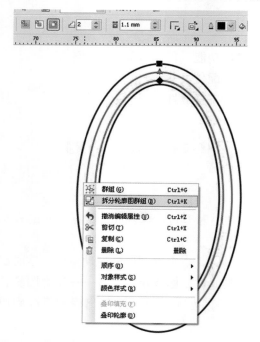

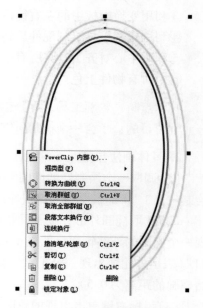

图 4 - 2 - 3　利用【轮廓工具】得到另外两个
　　　　　　椭圆后拆分轮廓群组

图 4 - 2 - 4　将拆分后的两个椭圆
　　　　　　取消群组

（5）拆分后得到两个较大椭圆的轮廓图；取消两个较大椭圆的群组，此时一共得到四个独立的大椭圆，见图4-2-4。

（6）将橙色椭圆修改为四分之一椭圆，利用属性栏设置0°～90°的属性；在0°和90°位置绘制两个2mm的正圆，见图4-2-5。

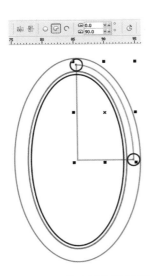

图4-2-5　修改橙色椭圆属性

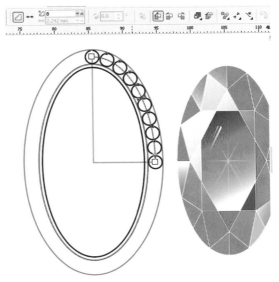

图4-2-6　绘制两个正圆摆放在路径两端

（7）点击工具箱【调和工具】，用鼠标点击一个圆后向另一个圆拖动，连接两个圆；工具属性栏内"新路径"激活，鼠标变成 后，点击选择橙色椭圆的轮廓线作为路径，使新增所有正圆贴合在橙色圆弧路径上，修改工具栏内调和对象数值为"8"，得到图4-2-6效果。

（8）右键单击调和群组，弹出"拆分路径群组上的混合"，使得橙色椭圆和所有正圆分离，见图4-2-7；此时，首尾两个红的正圆也和路径其他8个蓝色正圆分离，见图4-2-8。

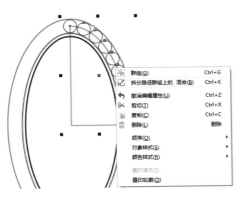

图4-2-7　使用调和工具

图4-2-8　拆分后蓝色正圆为一组

（9）绘制圆钻两旁的钉爪，外围的圆钉设置为0.6mm，内圈的圆钉设置为0.5mm；摆放时可以使用"微调距离"和键盘上的方向键配合进行调整，见图4-2-9。

（10）点击菜单栏"窗口—泊坞窗—变换"，调出变换面板，选中所有红色物体后，按照图4-2-10设置参数：x100%（水平镜像）；y100%；勾选"按比例"；点选左中；点击"应用"，得到一个镜像的副本，见图4-2-11。

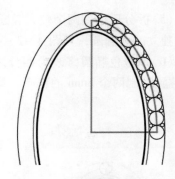

图4-2-9　绘制0.5mm的钉爪

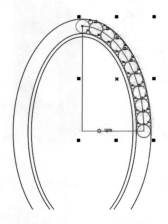

图4-2-10　选中准备镜像
复制的物体

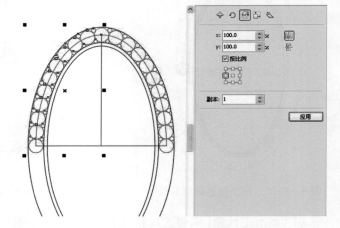

图4-2-11　设置变换面板中的相应参数，得到副本

（11）选中所有蓝色物体，见图4-2-12。选择时可以先框选所有正圆，再用Ctrl键辅助，点击去除红色圆圈。

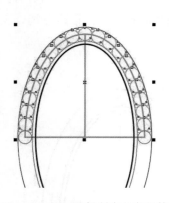

图4-2-12　选择所有蓝色物体

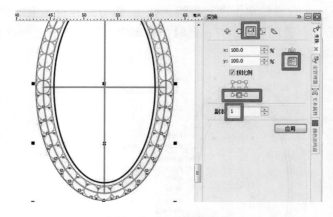

图4-2-13　得到副本

（12）按照图4-2-13设置参数：x100%；y100%（垂直镜像）；勾选"按比例"；点选中下；点击"应用"，得到一个镜像的副本。

（13）删除所有辅助线，调整所有线条颜色为黑色，按 F12 键调出【轮廓笔】，设置所有轮廓线为"黑色"和"细线"，见图 4 - 2 - 14。

（14）选择最外围的椭圆，利用轮廓图按钮 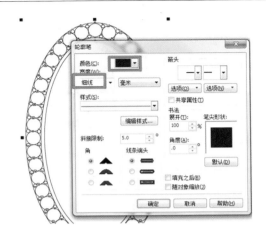 对其进行向外偏移，设置偏移距离为"0.5"，产生一个向外扩大 0.5 的椭圆，见图 4 - 2 - 15。

（15）选择新产生的轮廓群组，单击右键，选择"拆分轮廓图群组"，得到两个独立的椭圆，见图 4 - 2 - 16。

图 4 - 2 - 14　调整所有轮廓线为细线、黑色

图 4 - 2 - 15　设置偏移轮廓线参数

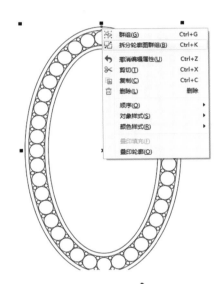

图 4 - 2 - 16　拆分轮廓群组，得到两个独立的椭圆

（16）绘制一个直径 10mm 的圆，将其轮廓线宽调整为 1.0mm，见图 4 - 2 - 17；点击"排列—将轮廓转换为对象"，将圆圈转换为曲线对象，见图 4 - 2 - 18。

（17）设置该圆环为黑色边缘线，内部为无色填充；将圆环拖动到旁边后单击右键，分别复制出两个副本，见图 4 - 2 - 19。

图 4 - 2 - 17　绘制边线宽为 1.0mm 的正圆

图 4 – 2 – 18　将黑色线条转换为曲线对象

图 4 – 2 – 19　形成无填充圆环，复制两个

（18）将两个副本的大小分别改为 4mm 和 3mm，3mm 的副本见图 4 – 2 – 20，4mm 副本同理可得。注意，边缘线的粗细会影响原始 10mm 的圆环的大小，边缘线设为 1.0mm 后，这个圆环的尺寸会变成 11mm；可以在属性栏中修改到 10mm。

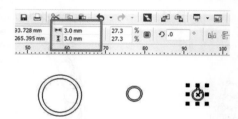

图 4 – 2 – 20　修改新建圆形尺寸

（19）绘制一个 1.5mm × 50mm 的长方形，修改其四个角为圆角，见图 4 – 2 – 21。

（20）复制该长方形，并将其尺寸调整为 1.0mm × 4.0mm，见图 4 – 2 – 22。

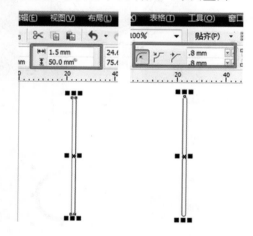

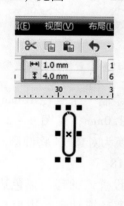

图 4 – 2 – 21　绘制长方形，圆角　　　　图 4 – 2 – 22　改变尺寸

（21）将所有物体按照图 4－2－23 的位置摆放好，可以使用快捷键 C 使其中心对齐；对所有物体填充白色。这里的处理是为了后续能够产生阴影。

（22）调出椭圆宝石并摆放在合适位置后，全选所有物体，利用"Ctrl＋G"组合键对其进行群组，见图 4－2－24。

图 4－2－23　调整所有物体
　　　　　　　的位置

图 4－2－24　摆放宝石后
　　　　　　　群组所有物体

图 4－2－25　复制另外一个耳环

（23）选择耳环，复制一个拖动到右下方，见图 4－2－25。

（24）单击工具箱中【阴影工具】，在耳环中部向右下方拖动，产生图 4－2－26 阴影。注意，阴影的产生需要对物体填充颜色才能完成，如果没有产生阴影，可以将最大的椭圆填充白色。

至此，完成所有绘制步骤，最终效果见图 4－2－27。

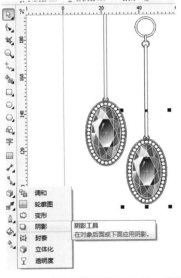

图 4－2－26　对目标使用阴影工具，产生阴影

图 4－2－27　绘制完成

4.3 立体树叶发夹画法

1. 绘图思路

①绘制树叶造型线条；

②利用【调和工具】在树叶造型上排布圆钻；

③利用【立体化工具】对树叶造型进行处理；

④绘制发夹结构。

技术点睛：形状工具，旋转复制（鼠标控制），调和工具，拆分工具，立体化工具

学习目的：学会一个立体树叶形状发夹的制作

2. 具体画法步骤

（1）绘制出两条轮廓线，见图 4-3-1。绘制两条轮廓线时，可以先绘制出其中一条，再修改其圆心位置，进行旋转复制完成另外一条的绘制。

（2）在两条线段两端分别绘制大小合适的圆，见图 4-3-2。

（3）使用工具箱【调和工具】连接轨道两端的圆，见图 4-3-3。

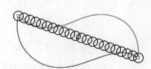

图 4-3-1 绘制出两条轮廓线　　图 4-3-2 绘制两个圆形　　图 4-3-3 使用调和工具

（4）在【调和工具】的工具属性栏的路径属性中点击"新路径"命令，见图 4-3-4。

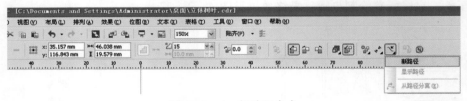

图 4-3-4 新路径命令

（5）鼠标变成形状，单击其中一条轨道作为该组调和的新路径，修改"调和对象"数为"15"（注意这里的数值要根据所绘制的图形来调整），见图 4-3-5，得到图 4-3-6 所示效果。

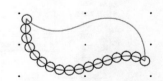

图 4-3-5 调和对象属性设置　　图 4-3-6 生成第一条排钻的轨道

（6）在生成的调和对象上点击鼠标右键，将两个原始圆从已经生成的调和群组中拆分出来，见图 4 – 3 – 7。

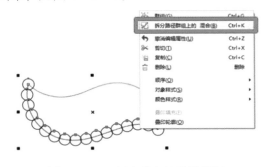

图 4 – 3 – 7　调和蓝色轨道线的圆　　　　　图 4 – 3 – 8　拆分首尾两个圆形

（7）再次点击"调和工具"，连接首尾两个圆形，调整将蓝色轨道排好圆形，得到图 4 – 3 – 8 效果。

（8）再次拆分蓝色路径群组上的混合，并删除蓝色和红色轨道线，得到图 4 – 3 – 9 所示效果。

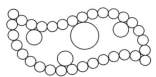

图 4 – 3 – 9　拆分路径混合，删除轨道线　　　图 4 – 3 – 10　绘制圆钻并放置至理想位置

（9）在叶片中央绘制出圆钻（圆形），并摆放至理想位置，见图 4 – 3 – 10。

（10）群组所有部件，用鼠标点击【立体化工具】 ，在立体化工具属性面板调整立体化类型及深度，见图 4 – 3 – 11。

图 4 – 3 – 11　群组所有部件，调整参数

（11）使用【钢笔工具】绘制发夹别针，最后效果如图 4 – 3 – 12 所示。

图 4 – 3 – 12　树叶发夹最终效果

4.4　四叶草吊坠画法

1. 绘图思路

①绘制一个四叶草花瓣造型，等角度旋转复制出等大的三个副本花瓣，结合所有花瓣形成四叶草；

②用轮廓图工具制作排列金珠的路径，调和工具制作金珠围绕边缘的效果；

③制作项链和吊坠之间的连接环；

④绘制项链路径，并排布上等大的套环。

技术点睛：变换面板操作，造型面板操作，图层操作，轮廓工具，拆分工具，调和工具，垂直居中对齐快捷操作（C），形状工具，镜像复制快捷操作

学习目的：学会绘制一个四叶草吊坠

2. 具体画法步骤

（1）建立花瓣基本形状，具体操作如下：

①点击工具箱【椭圆形工具】，按住 Ctrl 键画出一个正圆，将其大小调整为 8mm × 8mm，见图 4-4-1。

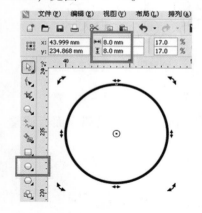

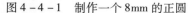

图 4-4-1　制作一个 8mm 的正圆

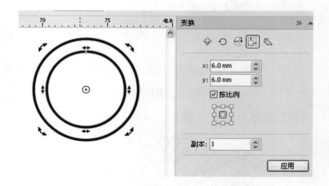

图 4-4-2　制作一个 6mm 的同心圆

②选中所绘的圆，点击"窗口—泊坞窗—变换—大小"命令，调出大小变换面板，复制出一个 6mm × 6mm 的同心圆，见图 4-4-2。注意：可以使用 Shift 键进行辅助复制。

③选择 8mm 的大圆，利用"位置变换"面板垂直向下复制出一个等大的圆作为后续使用的圆形，见图 4-4-3。

④同时选中 8mm 和 6mm 的同心圆，对其进行"合并"处理，见图 4-4-4；合并后可以形成一个圆环（填充红色）。

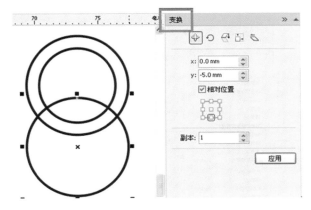

图4-4-3 向下复制出一个8mm的正圆   图4-4-4 合并出一个圆环

　　⑤同时选中圆环和正圆，将合并处理后形成的圆环与下面的圆进行"修剪"，见图4-4-5，得到如图4-4-6所示的一个半圆环。注意：在进行修剪时，要注意两个物体的前后关系，要使圆形在前面的图层，圆环处于后面的图层，否则修剪效果会截然不同。

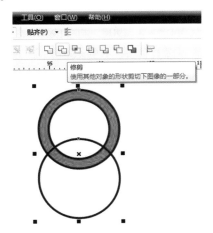

图4-4-5 圆环与大圆进行修剪

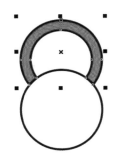

图4-4-6 得到红色的半圆环

　　（2）绘制四个"花瓣"（即需要将半圆环进行旋转复制形成4朵花瓣），具体操作步骤如下：

　　①将花瓣的圆心下移到大圆的圆心位置，并与之重合，见图4-4-7。

　　②点击"窗口—泊坞窗—变换—旋转"，调出旋转变换面板，见图4-4-8。

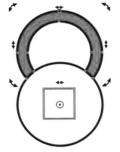

图4-4-7 将花瓣的中心调整到大圆圆心处

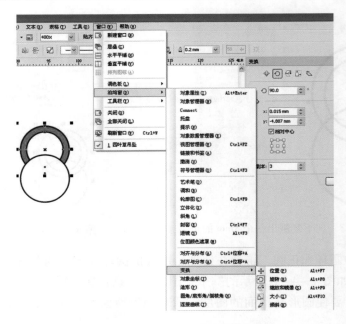

图 4 - 4 - 8 调出旋转变换面板

③在变换面板中设置花瓣的个数和角度：90°（360°÷4＝90°，即如果需要四朵花瓣，每个花瓣的间隔为90°）；相对中心（这里无需考虑具体 x、y 的数值）；3 副本（设置的副本数量不包含原来的花瓣，故为3），见图4-4-9。

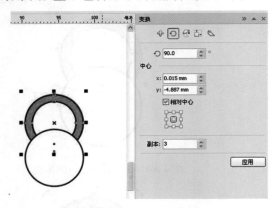

图 4 - 4 - 9 设置旋转复制的各个参数

图 4 - 4 - 10 完成的效果

④点击"应用"，在大圆周围出现另外3个花瓣，效果见图4-4-10。如果出现的四个花瓣之间缝隙过大，没有互相叠压，是因为图4-4-7里面的两个圆形距离太远，退回到步骤①调整"花心"圆形的位置即可。

（3）制作贯穿的花瓣和金珠围绕的效果，具体步骤如下：

①将中心的大圆移开，框选四个花瓣，点击"合并"，出现一个贯通的四瓣花造型，见图4-4-11。

图 4 - 4 - 11　制作贯通的四瓣花

②选中四瓣花后单击右键，选择"拆分曲线"，将其拆分成两个独立的花朵造型，见图 4 - 4 - 12。全选后，点击"去色"，取消两个花朵的填充颜色，见图 4 - 4 - 13。利用工具箱中的【轮廓笔】将边缘线的粗细修改为"细线轮廓"，见图 4 - 4 - 14。

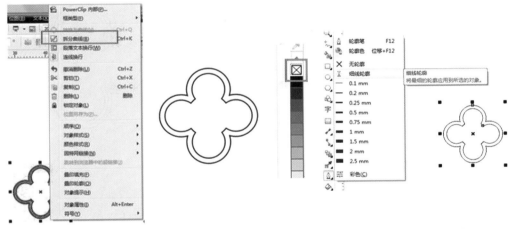

图 4 - 4 - 12　拆分曲线　　　　图 4 - 4 - 13　去色处理　　　　图 4 - 4 - 14　修改轮廓线

③选中大花瓣后，利用【轮廓图工具】使其形成一个 17mm × 17mm 的中花瓣。选择工具箱中【轮廓图工具】，再设置大花瓣向内偏移为 0.5。由于外围的花瓣为 18mm × 18mm，内围的花瓣为 16mm × 16mm，单层间距为 1mm，再平分两份，故步长设置为 0.5，见图 4 - 4 - 15。

④选中形成的中花瓣，单击右键，对其进行"拆分轮廓群组"处理，使其各自形成可以操作的形状，见图 4 - 4 - 16。

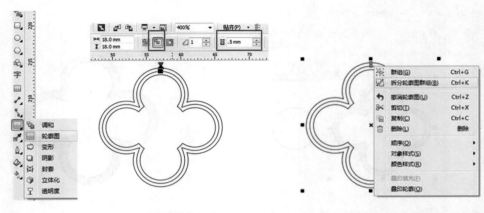

图 4 – 4 – 15　大花瓣向内偏移形成一个"中花瓣"　　图 4 – 4 – 16　拆分大花瓣和中花瓣

⑤选择中花瓣后点击【形状工具】，在两个关键节点处(以红色圆圈标示)单击鼠标右键进行拆分处理；拆分完毕后会形成带箭头的两组节点，见图 4 – 4 – 17。

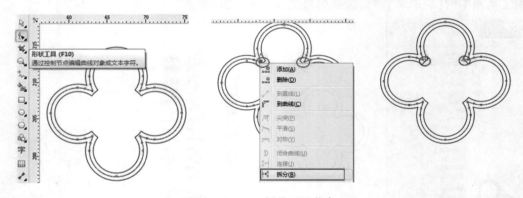

图 4 – 4 – 17　拆分两组节点

⑥点击【选择工具】，使中号花瓣处于选择状态下，再点击属性栏中"拆分"，就可以将这个花瓣与其他花瓣拆开，见图 4 – 4 – 18；删除三个花瓣，见图 4 – 4 – 19。

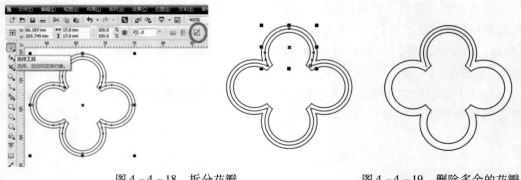

图 4 – 4 – 18　拆分花瓣　　　　　　　　图 4 – 4 – 19　删除多余的花瓣

⑦绘制两个1mm的正圆，并摆放在合适的位置，见图4-4-20；绘制两个1.2mm的正圆，并摆放在转角的位置，见图4-4-21。

⑧选中1mm的正圆，点击工具箱中【调和工具】，从左往右拖动鼠标，见图4-4-22。

图4-4-20　摆放1mm的正圆

图4-4-21　摆放1.2mm的正圆

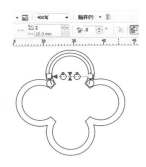

图4-4-22　调和两个1mm的正圆

⑨点击选择属性栏"新路径"后，单击1/4花瓣的弧线，使新增2个圆沿着弧线均匀排布，见图4-4-23；修改"调和对象"的数值，直到1mm的圆均匀布满路径为止，见图4-4-24。

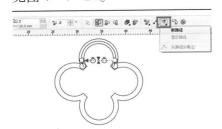

图4-4-23　调和新增圆至指定路径

图4-4-24　增加1mm的圆直至布满路径

⑩为方便观看，将1mm的圆填充红色，点击鼠标右键，选择"拆分路径群组上的混合"，使得圆和圆弧分离，此时所有1mm的圆是一个群组，见图4-4-25。

⑪点击1mm圆群组两次后，将其中心移动到大花的中心并与之重合，见图4-4-26。

单击菜单栏"窗口—泊坞窗—变换"命令，调出"变换"面板，设置旋转角度为"90"，副本为"3"，单击"应用"，见图4-4-27。

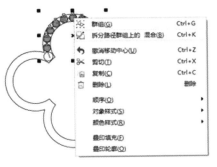

图4-4-25　拆分圆和路径

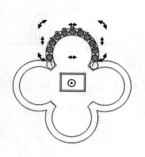

图 4 - 4 - 26　移动中心

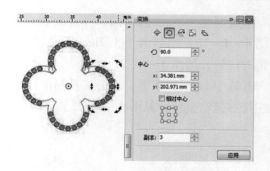

图 4 - 4 - 27　以 90° 为旋转间隔复制三组圆

⑫用同样的方法将原始的 4 个圆(蓝色)进行群组,改变中心位置,旋转复制,填充到合适的位置,见图 4 - 4 - 28。解开蓝色圆形之间的群组关系,删除多余的 1.2mm 的大圆;删除 1/4 个花瓣的路径,将所有形状填充的颜色去除。

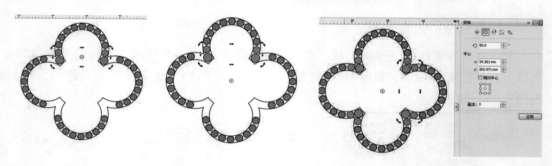

图 4 - 4 - 28　旋转复制蓝色圆并群组,使其填充到合适的位置

(4)制作定位扣,即链子和吊坠连接的位置,具体的操作步骤如下:

①绘制两个直径分别为 1.3mm 和 2mm 的正圆,框选两个圆后,利用属性栏中的"合并"使其变成一个圆环,见图 4 - 4 - 29。

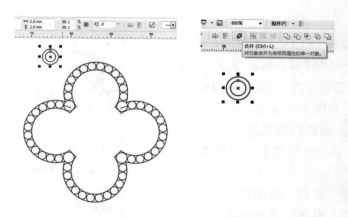

图 4 - 4 - 29　创建大小两个正圆后使其合并成一个圆环

②将圆环摆放到合适的位置，置于花瓣造型后面的图层（花瓣造型可以填充白色，对圆环产生遮挡效果）；绘制一条过花瓣中心的垂直线作为辅助（垂直线和花瓣可以使用快捷键 C 进行中心对齐），见图 4 - 4 - 30。

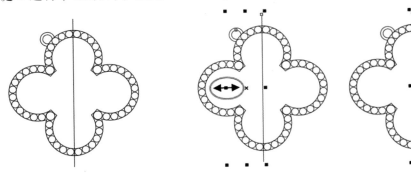

图 4 - 4 - 30　将圆环摆放在合适位置　　　图 4 - 4 - 31　利用垂直辅助线绘制另一侧的圆环

按住 Shift 键点击圆环和垂直线，同时选中两个物体；将鼠标放置在红色圆圈处，使其变成双向箭头后，按住 Ctrl 向右拖动鼠标，到合适位置时同时按下鼠标右键，产生另外一个对称的圆环，见图 4 - 4 - 31（也可以使用变换面板中的"缩放和镜像"来完成这一步）。

③调整右侧圆环的图层位置，删除中间两条辅助线，定位扣已绘制好，见图 4 - 4 - 32。

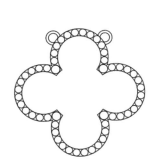

图 4 - 4 - 32　绘制了定位扣的状态

图 4 - 4 - 33　绘制链条路径

（5）绘制链子，具体操作如下：

①用工具箱中【两点线工具】绘制出大致如图 4 - 4 - 33 的项链路径。

②绘制两个同心椭圆，尺寸分别是 1.5mm×3.0mm 和 0.7mm×1.7mm，见图 4 - 4 - 34；同时选中后点击属性栏中"移除前面对象"命令，形成椭圆圆环；修改圆环线条为"细线轮廓"，见图 4 - 4 - 35。

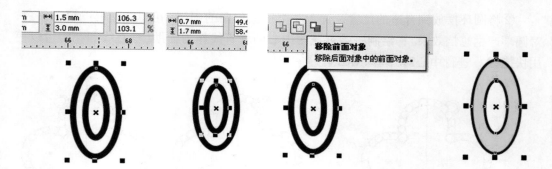

图 4 - 4 - 34　绘制大小两个椭圆　　　　图 4 - 4 - 35　形成椭圆环，改变线条粗细

③绘制一个 3.5mm×0.6mm 的长方形，单击工具箱中【形状工具】，长方形会变成可编辑状态；用鼠标拖动四个点中的任意一个，直角即可变为圆角，见图 4 - 4 - 36。

④摆放好圆环和长方形，注意中心垂直对齐，可使用快捷键 C 辅助，完成后对其进行群组，见图 4 - 4 - 37。

⑤将群组套环摆放到黄色圆环相接的位置上，并旋转角度，使之与绘制的路径吻合，见图 4 - 4 - 38。

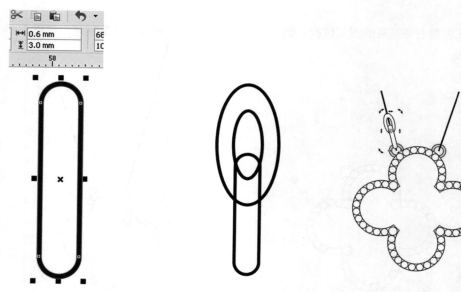

图 4 - 4 - 36　编辑直角为圆角　　图 4 - 4 - 37　调整椭圆和长方形　　图 4 - 4 - 38　摆放套环并
　　　　　　　　　　　　　　　　　　　　　位置并群组　　　　　　　　　　　旋转角度

⑥将套环群组复制一组到左侧路径的尾端，见图 4 - 4 - 39；选择工具箱【调和工具】对首尾两组套环进行调和，见图 4 - 4 - 40；调整调和的数量为"8"，使套环分布疏密得当，见图 4 - 4 - 41。

图4-4-39 复制一组套环群组至左侧路径尾端

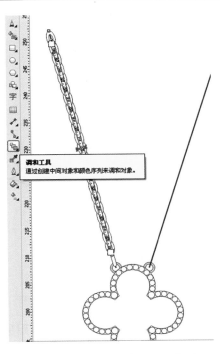

图4-4-40 调和首尾两组套环

图4-4-41 调整套环数量

图4-4-42 复制调和套环

⑦选中经过调和的套环，移动复制到另一侧黄色圆环相连接的位置上，见图4-4-42；双击显示其中心点，拖动到图4-4-43所示的位置上。

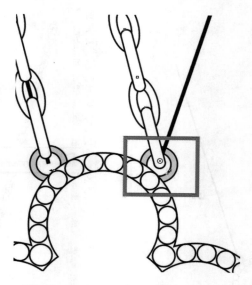

图 4 - 4 - 43　调和套环的中心改变位置

　　使套环处于可以旋转的状态，用鼠标拖动弧形双向箭头，套环组就会以中心为锚点进行旋转，旋转到与右侧路径重合时松开鼠标，见图 4 - 4 - 44。

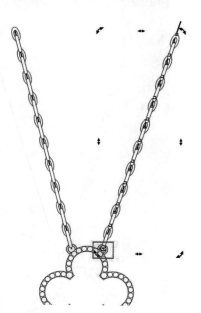

图 4 - 4 - 44　旋转套环组使之与另一条直线路径重合　　图 4 - 4 - 45　最终完成效果

　　⑧拆分两个调和群组，删除两条直线路径，完成绘制，最终效果见图 4 - 4 - 45。

4.5 六边形耳环画法

1. 绘图思路

①绘制正六边形，调整正六边形的尺寸后进行轮廓图处理，得到金属边和轨道；

②利用【调和工具】在六边形轨道上排出一条圆圈后进行旋转复制（变换面板）；

③利用【智能填充工具】、【形状调整工具】制作花瓣；

④镜像复制花瓣，对两部分进行合并，形成一个完成的花瓣；对花瓣进行轮廓图处理，形成内层的花瓣边缘，绘制其他花瓣结构；

⑤旋转复制得到其他花瓣；

⑥制作其他组件，组合摆放到合适的位置后进行白色填充，利用【投影工具】对耳环进行处理。

技术点睛：调和工具，拆分工具，轮廓图工具，变换（旋转复制）工具，智能填充工具

学习目的：学会六边形耳环的绘制

2. 具体画法步骤

（1）点击工具箱中的【多边形工具】，按住 Ctrl 键，调整"点数或边数"为 6，生成正六边形，修改轮廓线为细线，将六边形的高度设置为"25"，见图 4–5–1。

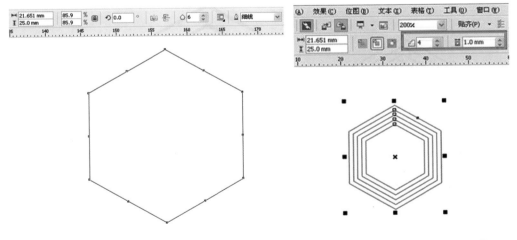

图 4–5–1　绘制正六边形　　　　图 4–5–2　选择【轮廓图工具】

（2）选中该六边形后，点击工具箱中的【轮廓图工具】，将六边形以 1.0mm 的偏移距离向内收缩形成 4 个轮廓图，见图 4–5–2。

（3）拆分轮廓群组，使得最外圈红色六边形与后面产生的对象分离，见图 4–5–3。

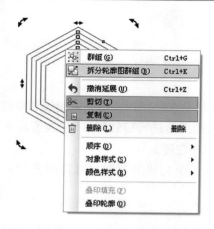

图 4 - 5 - 3　拆分轮廓群组

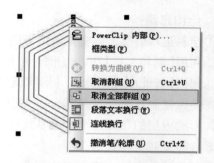

图 4 - 5 - 4　取消所有六边形群组

（4）点击拆分出来的 4 个六边形（黑色），单击右键，选择"取消全部群组"，使每一个六边形都可以单独被选中，见图 4 - 5 - 4。

（5）绘制一条垂直中轴线，并绘制两个 2.0mm 的正圆摆放在如图 4 - 5 - 5 所示位置。注意圆心需和顶点重合。

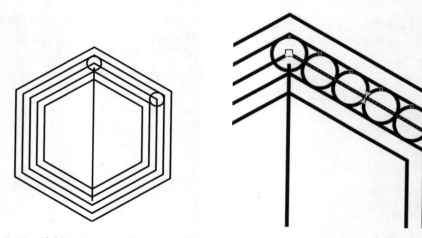

图 4 - 5 - 5　绘制两个 2.0mm 的正圆和中轴线　　　　图 4 - 5 - 6　沿路径增加 4 个调和对象

（6）点击工具箱【调和工具】，增加 4 个调和对象，见图 4 - 5 - 6。

（7）双击经过调和的群组，拖动该群组的中心到指定的顶角处，见图 4 - 5 - 7。

（8）点击"窗口—泊坞窗—变换"命令，调出变换面板，在变换面板设置旋转参数"120°"，得到一个副本，见图 4 - 5 - 8。

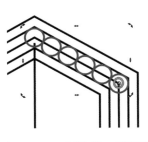

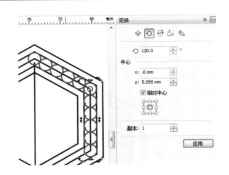

图4-5-7 调整第一组圆形
的圆心位置

图4-5-8 得到一个副本

(9)用同样的方法，做出其他几组副本，使2.0mm的圆布满轨道，见图4-5-9。

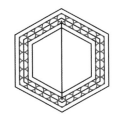

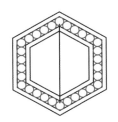

图4-5-9 做出另外几组副本

图4-5-10 删除中间的六边形轨道

(10)单击最中间的六边形，将其删除，形成图4-5-10所示的效果。

(11)选择工具箱中【基本形状】，在属性栏"完美形状"下拉列表中选择"圆环"，修改圆环参数为"5.0mm"，并将圆环摆放到六边形的中心位置，见图4-5-11。

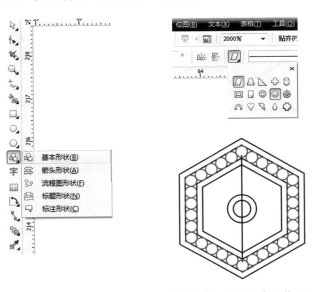

图4-5-11 将5.0mm的圆环摆放到六边形的中心位置

（12）利用变换面板，复制 5 条以 30°为间隔的直线，见图 4 – 5 – 12。

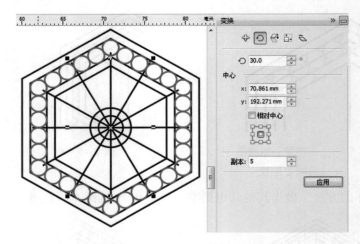

图 4 – 5 – 12　绘制辅助线

（13）选择工具箱中【智能填充工具】，点击蓝色区域，形成一个新的造型，见图 4 – 5 – 13。

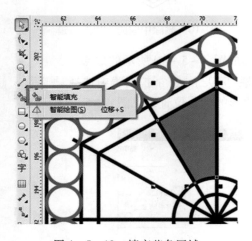 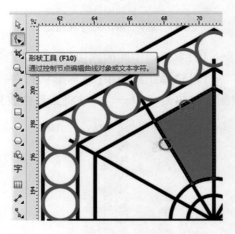

图 4 – 5 – 13　填充蓝色区域　　　图 4 – 5 – 14　修改蓝色区域的两条边缘线

（14）点击工具箱中【形状工具】，使蓝色区域处于可编辑状态，修改两条边缘线为弧线（添加红色标记的两条），见图 4 – 5 – 14。

（15）框选蓝色多边形，使其边缘处于被选择状态后，点击右键，选择"到曲线"，将多边形的直线边改成曲线性质，见图 4 – 5 – 15。

（16）用鼠标拖动边缘线，使它们变成弧线，效果见图 4 – 5 – 16。

图4－5－15　将直线转换为曲线

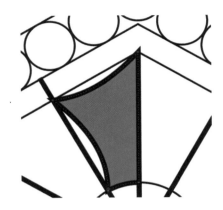

图4－5－16　修改的蓝色区域造型

（17）使用Ctrl键辅助，复制出右边的蓝色多边形，见图4－5－17。

（18）同时选中两个蓝色多边形，对其进行"合并"，见图4－5－18。

图4－5－17　左右复制蓝色图形

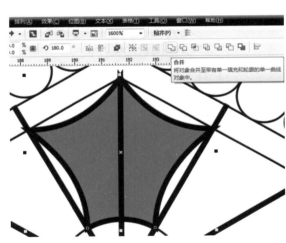

图4－5－18　合并两个蓝色多边形

（19）选中蓝色花瓣，对其进行轮廓图缩进处理，步长为"1"，轮廓图偏移为"1.0"，得到一个缩小的花瓣轮廓图，见图4－5－19；修改轮廓线为"细线轮廓"。

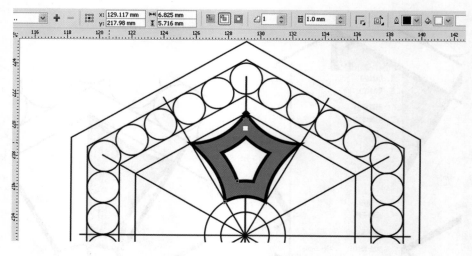

图 4 - 5 - 19　做出花瓣内轮廓

（20）绘制一个直径为 2.0mm 的正圆，摆放在蓝色图形的中心位置，见图 4 - 5 - 20；选中蓝色图形和这个圆，用"Ctrl + G"组合键使两个物体进行群组，并填充白色，线条为"细线轮廓"，删除所有辅助线，见图 4 - 5 - 21。

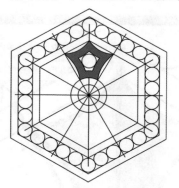

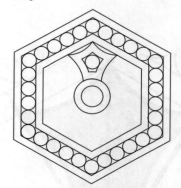

图 4 - 5 - 20　绘制一个 2.0mm 的正圆并摆放　　图 4 - 5 - 21　删除所有辅助线，处理好的群组

在蓝色图形的中心位置

（21）将刚处理好的群组的中心拖动到与六边形中心重合，见图 4 - 5 - 22。

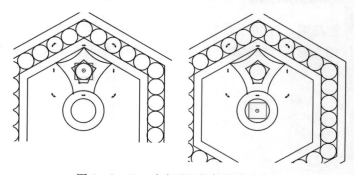

图 4 - 5 - 22　改变群组物件的中心位置

（22）在菜单栏中点击"窗口—泊坞窗—变换"，调出变换面板，在变换面板中设置：旋转角度60°，相对中心，副本5个，点击"应用"，出现图4-5-23所示效果。

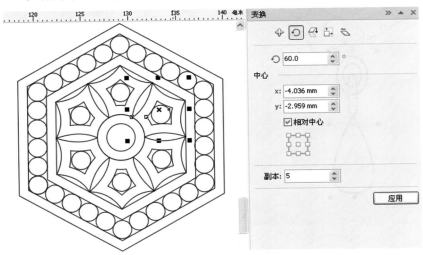

图4-5-23　旋转复制

（23）框选所有物体，对其进行群组。

（24）绘制一个3.0mm×4.0mm的圆环，放到大六边形的下方，见图4-5-24。

（25）绘制一个0.8mm×4.0mm的长方形，利用【形状工具】修改其4个尖角为圆弧，放在与圆环中心对齐的位置，见图4-5-25。

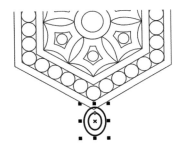

图4-5-24　绘制一个3.0×4.0mm
的圆环

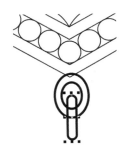

图4-5-25　绘制一个0.8mm×4.0mm
的圆角长方形

（26）绘制一个4.0mm×8.0mm的水滴形，见图4-5-26。

（27）将圆环，圆角矩形和水滴按照图4-5-27所示的位置摆放后，使用快捷键C，对它们进行垂直居中对齐，并进行群组。

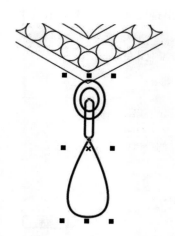

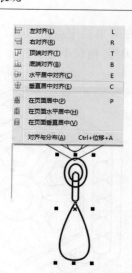

图 4 – 5 – 26　绘制一个 4.0mm × 8.0mm
的水滴形

图 4 – 5 – 27　让三个物体中心垂直
对齐后群组

（28）将群组后的组合体复制一个移到六边形右边合适的位置，见图 4 – 5 – 28。

（29）使用调和工具，在中间产生一个新的组件，见图 4 – 5 – 29。

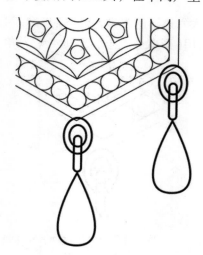

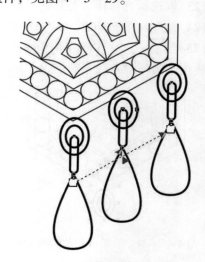

4 – 5 – 28　将组合体复制一个移动到合适的位置

图 4 – 5 – 29　使中间产生一个新的组件

（30）拆分调和群组，见图 4 – 5 – 30。

（31）用同样的方法做出左边的所有组件后，调整它们的轮廓线为"细线"；并将它们进行群组，见图 4 – 5 – 31。

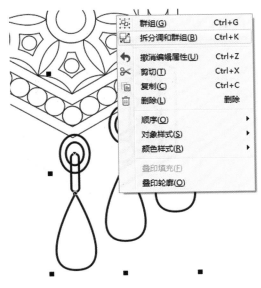

图 4 - 5 - 30　拆分调和群组　　　　　图 4 - 5 - 31　做出左边的所有组件

（32）绘制一个正六边形，锁定长宽比后，调整其宽度为 10mm，见图 4 - 5 - 32。

（33）利用【轮廓图工具】，以 1.0mm 的偏移距离，新增 4 个轮廓图，见图 4 - 5 - 33。

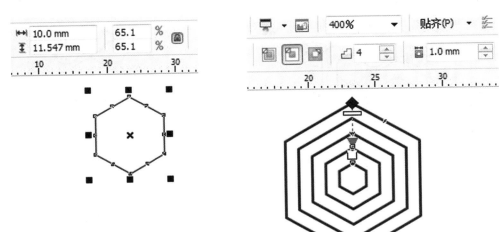

图 4 - 5 - 32　绘制一个宽度为 10mm　　图 4 - 5 - 33　用【轮廓图工具】，新增 4 个轮廓图
　　　　　　　　正六边形

（34）拆分轮廓群组后，再拆分新产生轮廓的群组，使每个六边形都变成单独的个体，见图 4 - 5 - 34。

图 4 – 5 – 34　个独立的六边形

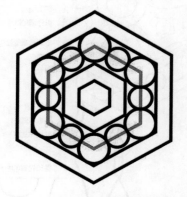

图 4 – 5 – 35　沿路径制作圆形

（35）用与前面相似的方法做出图 4 – 5 – 35，其中较大的圆形可以设置 2.0mm，较小的圆形可以设置 1.5mm。

（36）删除红色路径后，把所有物体进行群组，设置轮廓线为"细线"，见图 4 – 5 – 36。

（37）绘制一组与前面圆环尺寸相同的套环，并进行垂直中心对齐；将它们进行群组，见图 4 – 5 – 37。

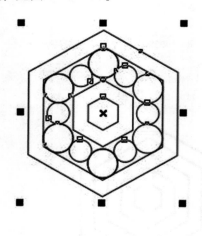

图 4 – 5 – 36　设置图形轮廓线为细线

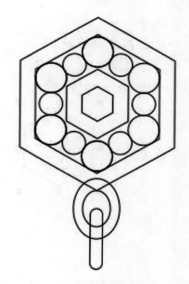

图 4 – 5 – 37　将两个套环垂直中心
对齐摆放后群组

（38）将上下两个群组摆放到合适位置后，用快捷键 C 进行垂直中心对齐的调整，见图 4 – 5 – 38。

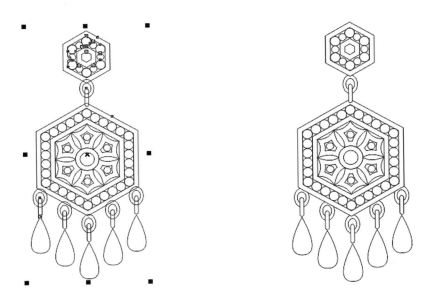

图4-5-38　垂直中心对齐两个群组　　　图4-5-39　调整全组物体颜色、位置和轮廓关系

（39）全选物体后对它们统一填充白色，解开部分群组，调整图层位置关系，出现图4-5-39效果。

（40）将一个耳环的所有部分进行群组，复制出一个副本，并添加阴影，见图4-5-40效果。

图4-5-40　添加投影后的效果

4.6 冠军手链的制作

1. 绘图思路

①绘制手链主体部位，利用【智能填充工具】制作出篮球的分界线；

②利用【合并工具】做出手链的连接位，利用【轮廓图工具】做出内部造型，利用【形状调整工具】调节配件的长度；

③利用"使文本适合路径"命令，将文字排布到指定的位置；利用【形状工具】调整文字之间的距离和疏密；

④将调整好的文本进行复制，并移动到其他指定的位置；

⑤制作其他组件，组合摆放到合适的位置后进行白色填充。

技术点睛：智能填充工具；轮廓图工具，文本适合路径工具，垂直（水平）对齐工具

学习目的：学会手链的制作

2. 具体画法步骤

（1）按照具体尺寸要求，绘制两个大小分别为 28.5mm 和 19mm 的同心正圆，见图 4-6-1。

（2）绘制两个互相垂直的长方形，尺寸分别为 0.6mm × 21.5mm 和 21.5mm × 0.6mm，将其进行群组，见图 4-6-2。

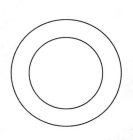

图 4-6-1　绘制两个同心正圆

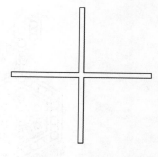

图 4-6-2　绘制长方形

（3）利用工具箱中的【基本形状工具】，绘制两个 13mm 的圆环，按图 4-6-3 所示位置摆放。

（4）将所有绘制好的造型进行"垂直居中对齐"，见图 4-6-4。

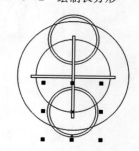

图 4-6-3　绘制两个 13mm 的圆环
　　　　　　并摆放到合适位置

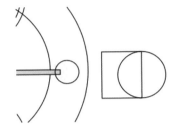

图 4 - 6 - 4　将所有物体进行垂直居中对齐　　　图 4 - 6 - 5　绘制两个正圆和一个长方形
　　　　　　　　　　　　　　　　　　　　　　　　　　　　　并摆放到合适位置

（5）绘制两个正圆和一个长方形，小圆的直径为 3.0mm，大圆直径为 6.0mm，长方形为 5.0mm × 6.0mm；摆放在如图 4 - 6 - 5 所示位置。

（6）同时选中长方形和 6mm 的圆，选择"合并"命令，见图 4 - 6 - 6。

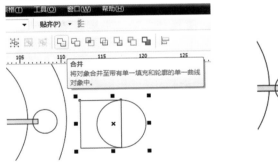

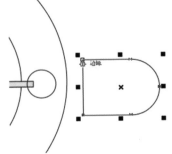

图 4 - 6 - 6　合并图中大圆和长方形

（7）将合并好的形状向内偏移 1.5mm，形成新轮廓，见图 4 - 6 - 7。

（8）把形成调和的形状进行镜像复制（用 Ctrl 键进行辅助），见图 4 - 6 - 8。

（9）选中后单击右键，拆分镜像之后的图形，见图 4 - 6 - 9。

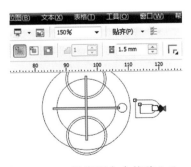

图 4 - 6 - 7　轮廓图向内偏移 1.5mm

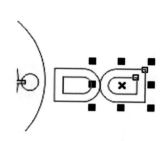

图 4 - 6 - 8　镜像复制一个副本

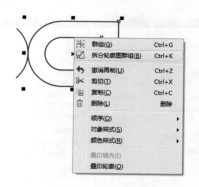

图 4 - 6 - 9　拆分轮廓图

（10）选中内部较小的形状，按 F9 键调出【形状工具】，框选红色方框中的两个节点，向左移动，使其长度变短，见图 4 - 6 - 10。

图 4 - 6 - 10　用【形状工具】调整红色形状的长度

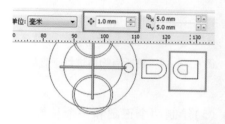

图 4 - 6 - 11　移动蓝色框中的两个造型

（11）在空白处单击鼠标，设置微距调节的距离为 1.0mm 后，框选蓝色线框中的两个造型，使其与旁边的造型分开 3.0mm 的距离，见图 4 - 6 - 11。

（12）绘制一个 8.0mm × 2.0mm 的长方形，用【形状工具】调整长方形两端，使其形成圆弧状，见图 4 - 6 - 12。

（13）将所有红色的物体选中后，使用"排列—对齐和分布—水平居中对齐"命令，使它们的中心都处于同一水平线上，见图 4 - 6 - 13。

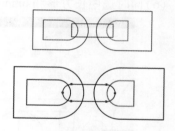

图 4 - 6 - 12　制作一个长方形，调整其两头为圆弧

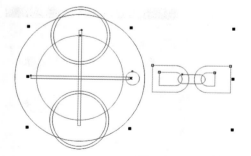

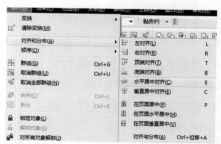

图 4 - 6 - 13　使红色物体水平居中对齐

（14）用键盘上的方向键盘箭头"→"调整几个物件的位置关系，见图 4 – 6 – 14。

（15）选中最左边的形状利用工具箱中的【形状工具】框选红框中的两个节点，将其长宽修改到 42.0mm ×6.0 mm，见图 4 – 6 – 15。

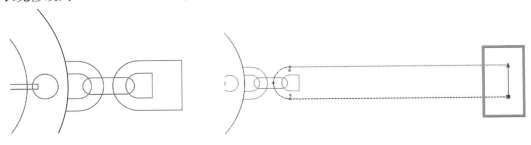

图 4 – 6 – 14　调整几个物件的
　　　　　　　位置关系

图 4 – 6 – 15　调整节点位置

（16）输入美术字"Basketball"，见图 4 – 6 – 16。

图 4 – 6 – 16　输入美术字

（17）调整其字体和字号后，拖动到红色形状中合适的位置，同时选中红框和字体后，用快捷键 E 对文字进行水平居中对齐，见图 4 – 6 – 17。

图 4 – 6 – 17　调整字体和位置

（18）对所有蓝色边框的物体进行群组，见图 4 – 6 – 18。

图 4 – 6 – 18　群组所有蓝色物体

（19）增加一条中轴线（红色），同时选中红色和蓝色的群组物体，见图4－6－19。

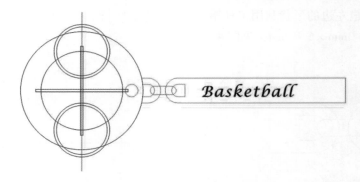

图4－6－19　选中中轴线和蓝色群组

（20）按住 Ctrl 键后，用鼠标拖动红色框里面的黑点向左边移动，见图4－6－20。形成左右对称复制的效果，见图4－6－21。

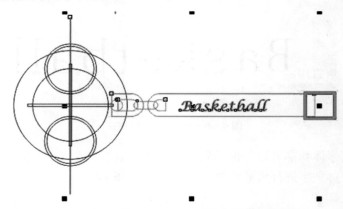

图4－6－20　拖动红框中的黑点

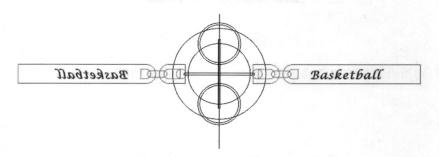

图4－6－21　左右复制后的效果

（21）选择工具箱中【智能填充工具】，点击图中蓝色圆环区域，形成四截新圆环，见图4－6－22。完成后删除多余的图线，见图4－6－23。

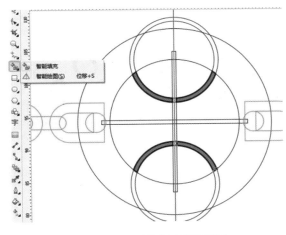

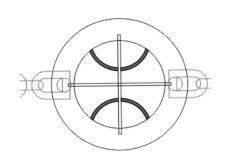

图 4 - 6 - 22　形成四截新圆环　　　　　图 4 - 6 - 23　删除多余图线

（22）取消十字线的群组后选中垂直方向的长方形，见图 4 - 6 - 24。

（23）继续利用【智能填充工具】，填充垂直方向的三个色块，见图 4 - 6 - 25。

图 4 - 6 - 24　选中垂直方向的长方形　图 4 - 6 - 25　利用【智能填充工具】填充垂直方向的色块

（24）删除原有的长方形，见图 4 - 6 - 26。

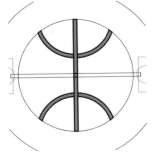

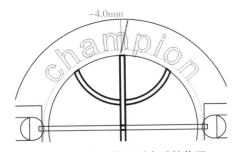

图 4 - 6 - 26　删除多余图形　　　　　图 4 - 6 - 27　拖动到合适的位置

（25）输入美术字"champion"，单击菜单栏"文本—使文本适合路径"命令，拖动文本到圆圈内，到合适的位置后（出现一条红色的斜线表示处于圆形垂直方向的中央）松开鼠标，见图 4 - 6 - 27。

（26）选中文字，单击工具箱中的【形状工具】，用鼠标拖动红色方框中的箭头，使用【形状调节工具】对文字的疏密进行调整，见图4-6-28。

图4-6-28　调整文字间的距离

（27）单击键盘上右边小键盘上的"＋"，原地复制一个champion和大圆（这时路径，也就是大圆和文字已经成为一体），见图4-6-29；将这个复制的副本转换为曲线（包含文字曲线和大圆两个物体），见图4-6-30。

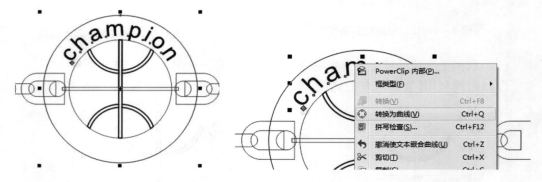

图4-6-29　原地复制一个champion

图4-6-30　副本转换为曲线

（28）使原始文本和大圆在选择状态下，再次点击"使文本适合路径"，点击拖动红框中的菱形沿圆形向下方移动到中间的位置，见图4-6-31，删除多余的大圆。

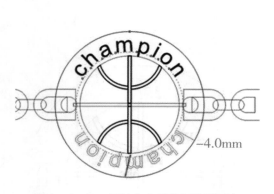

图4-6-31　原始文本继续调整到下方

图4-6-32　置顶该形状

（29）单击快捷键F12，调出【形状工具】，调整中间水平方形的两头形状，填充白色，利用"Shift＋PageUp"组合键，将其调整到页面最上方，见图4-6-32。

（30）选中 Basketball 后，单击鼠标右键，选择"转换为曲线"，将文字转换为曲线，填充一个自己喜欢的颜色，见图 4-6-33。

图 4-6-33 调整文字颜色

（31）调整各个形状的位置顺序和颜色，形成如图 4-6-34 所示的最终线条效果。

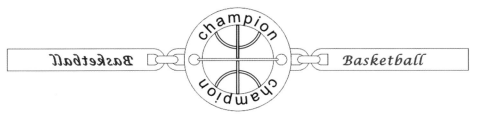

图 4-6-34 绘制完成的效果

4.7 "花之韵"项圈的绘制

1. 绘图思路

①绘制项圈基本框架；

②用【折线工具】绘制项圈的主要结构后转换为曲线和平滑节点，利用左右镜像复制制作出另外一半；

③利用节点的断开和拆分命令将多余的图线去除；

④利用直线转曲线的方法绘制项圈最下方的结构；

⑤保存绘制图形并导出保存为 jpeg 格式，打印在合适的纸张上；

⑥手动对图形上色。

技术点睛：轮廓图工具，直线转换为曲线，调节节点性质

学习目的：结合 CorelDRAW 完成手绘辅助

2. 具体画法步骤

（1）打开软件，新建一个文档；绘制一个直径为 140mm 的正圆，见图 4-7-1。

（2）横向和纵向拖动标尺线，出现两条标尺，使之与大圆的中心重合，见图 4-7-2。

（3）将大圆原地复制（可以使用小键盘上的"+"键），并将新出现的副本圆形修改为半圆弧，见图 4-7-3。

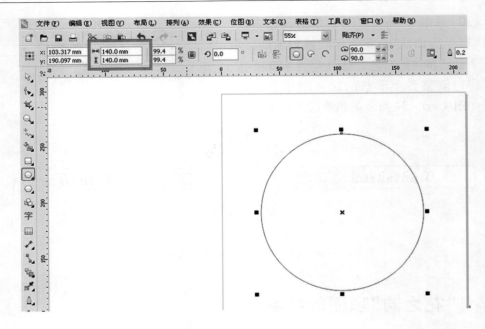

图 4 – 7 – 1　绘制正圆

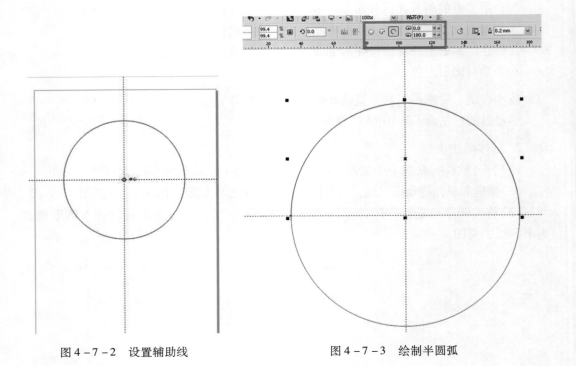

图 4 – 7 – 2　设置辅助线　　　　图 4 – 7 – 3　绘制半圆弧

（4）选中开口圆弧，单击工具箱中【调和工具】的扩展栏，点击【轮廓图工具】，见图4-7-4；在开口弧线上拖动鼠标，产生一个经过调和的轮廓图，将轮廓图的"偏移间距"调整为2.0，代表每一条偏移的弧线与原来的弧线的距离为2mm，调和步长设置为1，见图4-7-5。

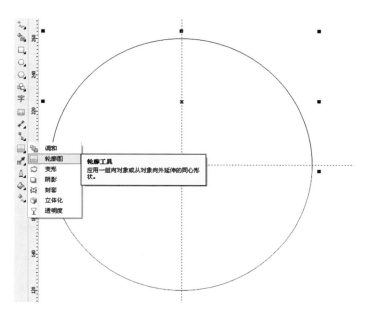

图4-7-4　使用【轮廓图工具】

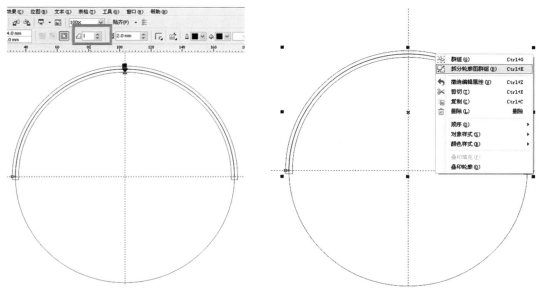

图4-7-5　调和步长设置为1　　　　图4-7-6　选择"拆分轮廓图群组"

（5）在产生的弧线组合上单击鼠标右键，选择"拆分轮廓图群组"，见图4-7-6。

(6)在工具箱中选中【折线工具】，绘制出如图4－7－7中所示的折线。

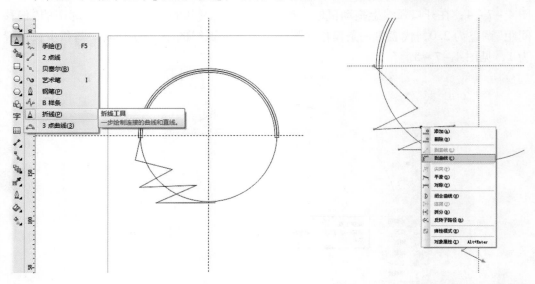

图4－7－7　使用折线工具绘制折线　　　图4－7－8　修改折线的性质为曲线

（7）选中所有的折线，在工具箱单击【形状工具】，修改折线的性质为曲线，见图4－7－8。

（8）在折线上单击鼠标右键，选择"到曲线"命令，用鼠标拖动两个节点之间的线条，使其变成弯曲的状态，见图4－7－9。

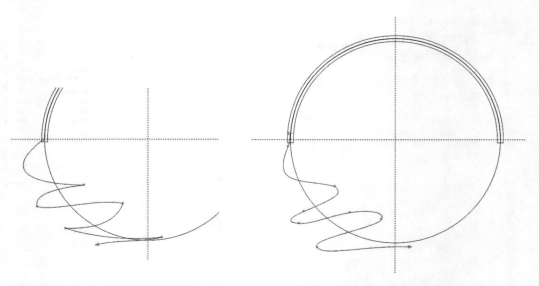

图4－7－9　将直线改为曲线　　　　　图4－7－10　调节节点状态

（9）结合节点调节将曲线调整成图4－7－10所示的状态。节点调节主要是将节点转换为平滑节点的操作。

（10）用同样的方法绘制并调整图4－7－11中剩余的线条。

（11）继续绘制调整下半部分的曲线造型，调整好上下两部分位置，形成图4－7－12的造型。

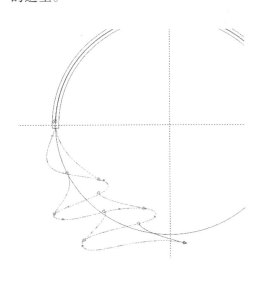

图4－7－11　调整线条形状

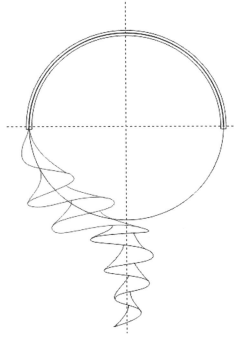

图4－7－12　同样方法绘制下半部分的线条后的效果

（12）选中红色线条，进行群组；按住Ctrl键，同时用鼠标向右拖动蓝色方框中的黑点，到右边产生一个镜像图形后迅速点击鼠标右键，见图4－7－13；此时产生一个和左边红色线条群组左右对称的镜像造型，见图4－7－14。

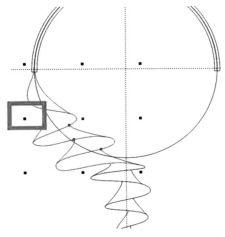

图4－7－13　将红色线条群组镜像复制

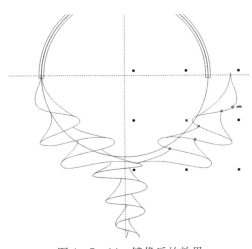

图4－7－14　镜像后的效果

（13）向左移动复制产生的线条群组，见图 4 - 7 - 15。

（14）将右边群组线条取消全部群组，利用【形状工具】对左右结合部分的线条进行调节，见图 4 - 7 - 16。

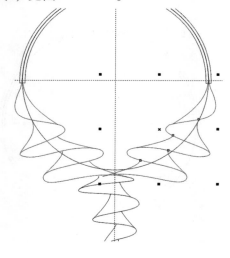

图 4 - 7 - 15　向左移动复制后线条群组

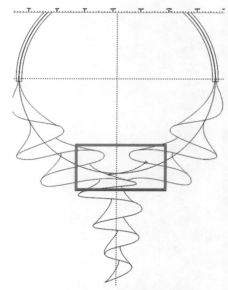

图 4 - 7 - 16　调整线条位置关系

（15）将左半部分的群组线条取消全部群组后，选中最长的曲线（蓝色），见图 4 - 7 - 17。

（16）将轮廓图的"偏移间距"调整为 1.0，见图 4 - 7 - 18。

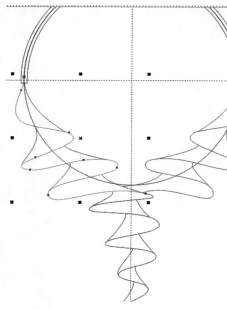

图 4 - 7 - 17　选择蓝色曲线

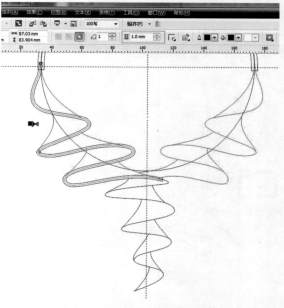

图 4 - 7 - 18　偏移蓝色线条

（17）单击鼠标右键，选择"拆分轮廓图群组"，见图 4 - 7 - 19；删除原有的蓝色路径，见图 4 - 7 - 20。

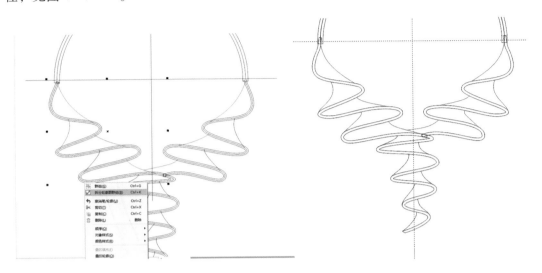

图 4 - 7 - 19　拆分轮廓群组　　　　　图 4 - 7 - 20　删除原有的蓝色路径

（18）用同样的方法处理另外两个线条，见图 4 - 7 - 21。

（19）利用工具箱中的【形状工具】调整红色线条的细节，使它们和曲线的前后关系更加准确。删除底层圆环，见图 4 - 7 - 22。

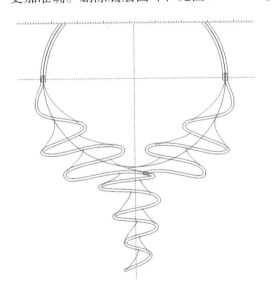
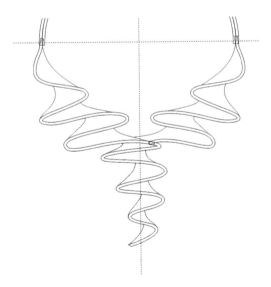

图 4 - 7 - 21　处理另外两条曲线　　　　图 4 - 7 - 22　调整相邻曲线位置关系，
　　　　　　　　　　　　　　　　　　　　　　　　　　　删除底层圆环

（20）选中半圆，利用【形状工具】调节半圆与弧线连接的结构，见图 4 - 7 - 23。

（21）将蓝框中的节点向左移动，与下面的弧线重合。用同样的方法调节右边的这个结构节点的位置，见图 4 – 7 – 24。

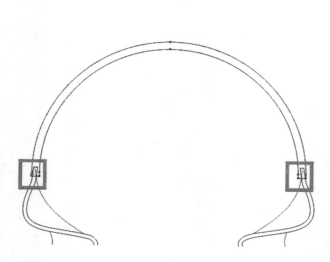

图 4 – 7 – 23　利用【形状工具】调节半圆与弧线的连接

图 4 – 7 – 24　调整节点位置(一)

（22）利用【形状工具】调节蓝色线框中的节点，调整到与上半部分的圆圈相吻合的状态，见图 4 – 7 – 25。

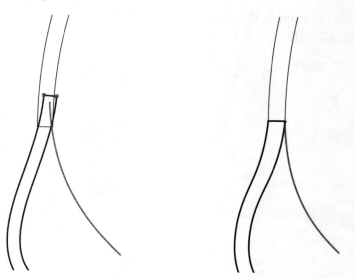

图 4 – 7 – 25　调整节点位置(二)

（23）用同样的方式调整项圈的右半部分，使上半部分的圆环和下半部分的连接顺畅，见图 4 – 7 – 26。

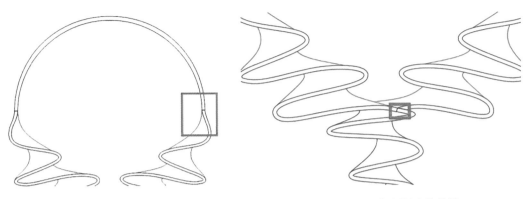

图4-7-26 调整节点位置　　　　图4-7-27 准备删除的线段

（24）移除蓝色框中的边缘线。由于边缘线是左右两个部分都有的一条线，因此需要左右各进行一次拆分后，删除它们，见图4-7-27。删除这个多余的部分的思路是将它转换为节点后，断开节点，再利用拆分命令将多余的部分和主体分开，删除多余的线条。

（25）选中左边的部分，转换成节点选择状态，对蓝色圆圈中的节点分别采取"断开节点"的操作命令，见图4-7-28；利用快捷键"Ctrl+K"拆分断开节点的线段，将其删除，见图4-7-29。

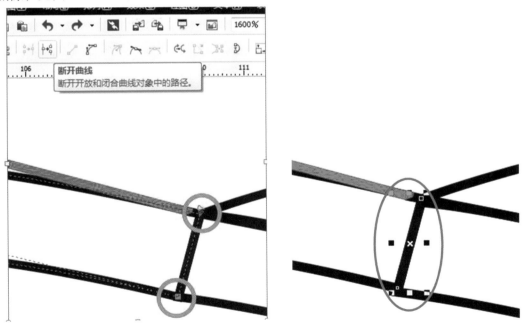

图4-7-28 断开两节点　　　　图4-7-29 删除线段

（26）此时，需要将蓝色曲线再进行一次同样的节点断开处理，随后利用快捷键"Ctrl+K"拆分断开节点的线段，将其删除，见图4-7-30。

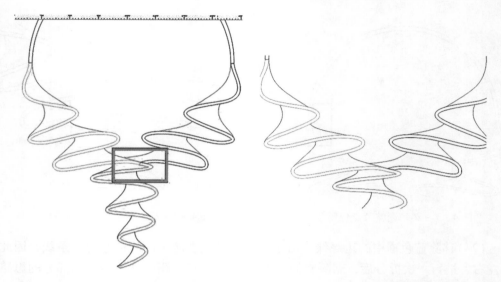

图 4 – 7 – 30　再次删除多余的蓝色线段　　　　图 4 – 7 – 31　多余线段去除后的状态

（27）图 4 – 7 – 31 显示的是去除多余线段后这部分结构的效果。因为后续是进行手绘上色，所以橙色线条和蓝色线条不需要二次连接成一个形状；如果是用软件上色，则需要进行节点的连接处理，使其形成一个形状。

（28）利用【2 点线工具】绘制纵向的线条，绘制完毕后，调整图层的顺序到橙色线条和红色线条的下面一层，见图 4 – 7 – 32。

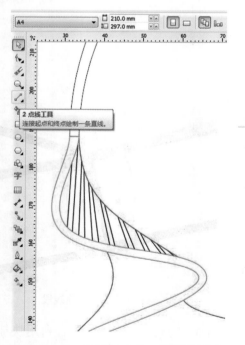

图 4 – 7 – 32　选择【2 点线工具】绘制线条

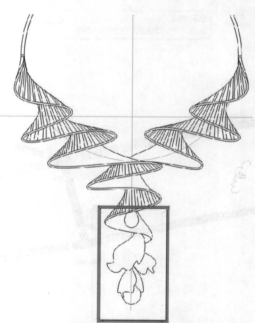

图 4 – 7 – 33　完成项链线条结构绘制

（29）用同样的方法绘制剩余的直线结构，再绘制出项链红框中垂钓的线条和宝石。至此，项链线条结构全部完成，见图4－7－33。

（30）绘制完毕后，将图形导出。为了使图形导出后尺寸不发生改变，需要连同设置好的页面一起导出，具体方法如下：

①双击工具箱中的【矩形工具】，在页面上自动生成一个和页面同样大小的矩形，为了使大家看清楚，这里改成了红色的边框，见图4－7－34；

②点击菜单栏"文件—导出"，出现图4－7－35的对话框；

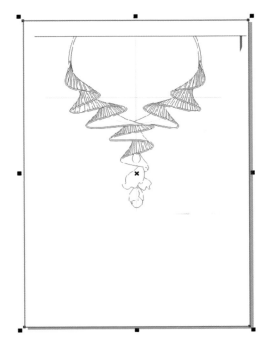

图4－7－34　生成与页面等大的矩形

图4－7－35　"导出"对话框

③点击"导出"按键，出现如图4－7－36的对话框；

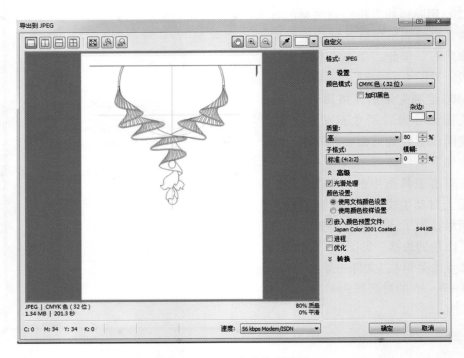

图 4 - 7 - 36　生成导出页面

④完成后，在桌面查找生成的图形，见图 4 - 7 - 37。

图 4 - 7 - 37　在桌面保存的 jpeg 图形

图 4 - 7 - 38　铺设色调

（31）手绘上色，将主要结构铺上黄色，见图 4 - 7 - 38；刻画细节，绘制暗部，交界线，见图 4 - 7 - 39。至此全部绘制完成，效果见图 4 - 7 - 40。

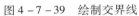

图 4 - 7 - 39　绘制交界线　　　　　图 4 - 7 - 40　全部完成后的效果

5 优秀作品赏析

《恩赐》

作者：马敏珊

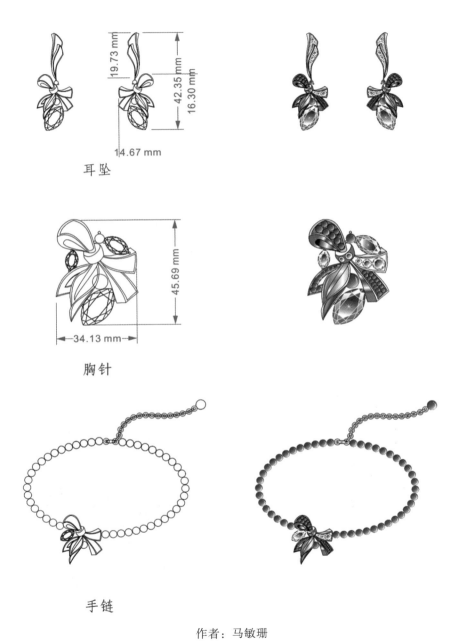

耳坠

胸针

手链

作者：马敏珊

设计者：杨晓萍

设计者：杨晓萍

设计者：杨晓萍

设计者：林依璇

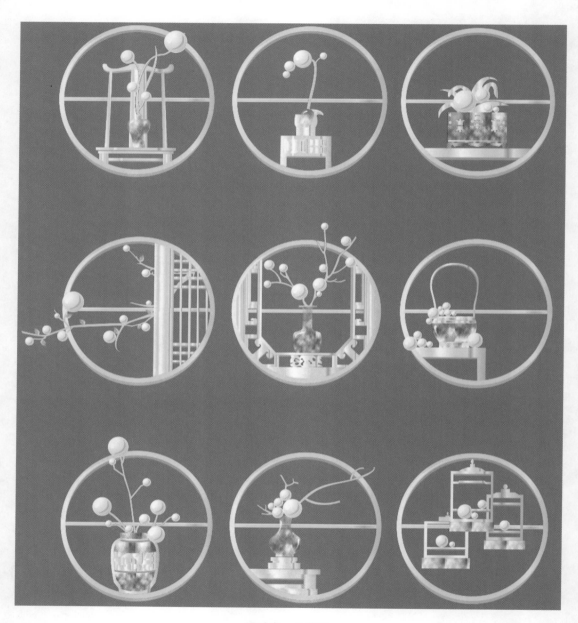

设计者：吴紫珊

设计者：吴紫珊

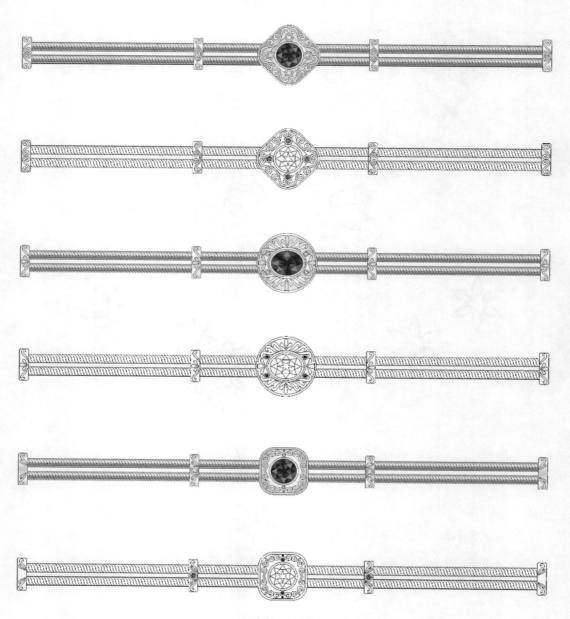

设计者：杨媛媛

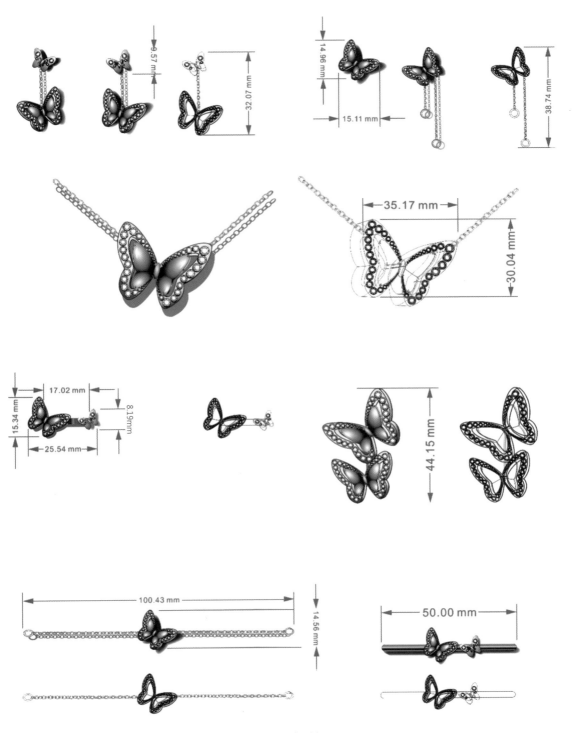

设计者：郑乐毅

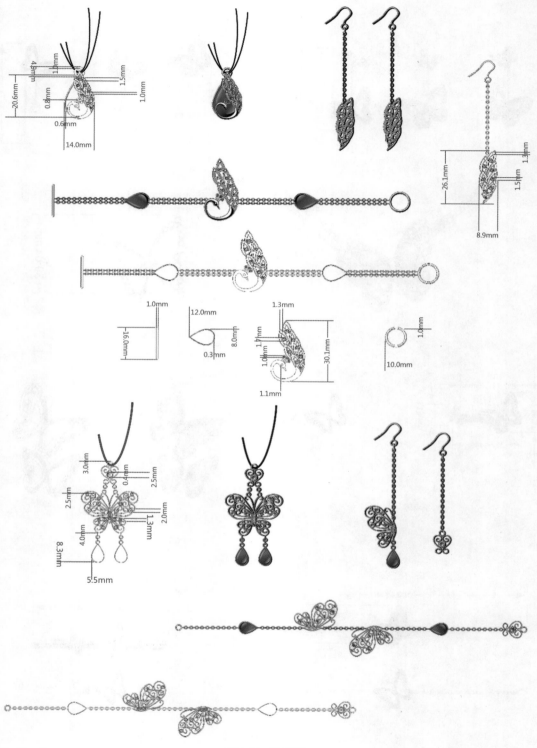

设计者：陈晓敏